U0108749

COLD CALL

保險從零度到零難度

周榮佳 主編

商務印書館

謹以此書

獻給堅持不懈、努力奮鬥的保險人

Cold Call——保險從零度到零難度

主　　編　周榮佳

作　　者　李偉源　卓君風　林桂芝　林鉦瀚　陳慧英　曾繼鴻
　　　　　湯恩銘　馮玉玲　黃思恩　黃偉森　黃鴻泰　潘偉明
　　　　　謝立義（按姓名筆劃排序）

責任編輯　張宇程

封面設計　趙穎珊

出　　版　商務印書館（香港）有限公司
　　　　　香港筲箕灣耀興道 3 號東滙廣場 8 樓
　　　　　http://www.commercialpress.com.hk

發　　行　香港聯合書刊物流有限公司
　　　　　香港新界荃灣德士古道 220 至 248 號荃灣工業中心 16 樓

印　　刷　盈豐國際印刷有限公司
　　　　　香港柴灣康民街 2 號康民工業中心 14 樓 1410 室

版　　次　2022 年 7 月第 1 版第 2 次印刷

　　　　　ISBN 978 962 07 5902 4
　　　　　Printed in Hong Kong

免責聲明

在此特別提醒來自不同國家的讀者，本書的作者們都是香港地區人士，他們的年資差距甚大，由幾年到超過 30 年不等。在這個期間，香港地區也回歸祖國，而且香港特區的法例，特別是關於私隱權方面的法例曾作出多次修改。本書中提及的 Cold Call 手法在當時的香港地區可能沒有構成問題，但今天卻不保證能完全適用。所以，在實踐前應先諮詢您所在地的監管機構、律師、貴公司及上司。

本書所載資料並不構成法律意見、要約、推介及遊說。對於任何人在任何地區因援引本書所載任何資料或因本書缺漏任何資料而蒙受任何損失或損害，出版商及作者們概不負責。

主編簡介

Mr. 100% MDRT 周榮佳

Wave Chow

1997 年於香港理工大學電子工程系畢業後，首份工作便毅然轉行加入保險行業成為財務策劃顧問。周先生積極進取，不斷持續進修，不足 30 歲已考獲 CFP^{CM}，至今已擁有 15 個專業資格，成為多料財務策劃師及 NLP 高級執行師。

周先生獲獎無數，2000 年獲得 HKMA 全港傑出年青推銷員大獎（OYSA），於入行年多後更成為 MDRT 會員，並於金融海嘯衝擊下在 2009 年取得 MDRT 終身會員資格。其後更獲香港保險業聯會（HKFI）評選為「年度傑出保險代理」，《iMoney》選為「香港保險風雲人物」，更於 2019 年及 2020 年兩度被新加坡媒體 Asia Advisers Network 評選為「年度亞洲最佳保險領袖」及「年度亞洲最佳數碼化領袖」。

演而優則導，周先生旗下團隊人數近 400 人，成員平均年齡為 31 歲，96% 成員擁有大學，70% 成員擁有研究生或以上學歷。於 2016 年團隊 MDRT 會員比率更達到前無古人的 100%，COT 和 TOT 更佔 38.7%，可謂銀河艦隊。

多年來周先生除為香港《信報》、《iMoney》、《經濟一週》和《ETNet》撰寫專欄外，其著作《打造 100% MDRT 團隊 絕密關鍵》、《銷魂》、《銷魂 2.0》、《大單》更榮登香港誠品及商務印書館暢銷書榜。《大單》除香港地區版本外，更推出馬來西亞版。周先生還經常獲邀為海內外機構分享，講題多元化，涉及財務策劃、投資、推銷、營銷、服務、激勵、形象及人際溝通技巧等。10 年間演講次數超過 400 場，受眾超過 80,000 人次，是一位極受歡迎和富經驗的講者。

聯絡 Wave

目錄

第 2 部分

街站、路演攻略篇

第 4 章　街頭拍板女王 — 陳慧英 Susanna

第 5 章　MPF 專家 — 卓君風 Vernon

第 6 章　大學生伯樂 — 曾繼鴻 Henry

第 7 章　第一女強人 — 林桂芝 Karine

第 3 部分

電話攻略篇

第 8 章　有策略地努力不懈的幸運者 — 黃偉森 Red

第 9 章　企業 Cold Call 大師 — 謝立義 Stanley

第 10 章　保險行銷達人 — 湯恩銘 Alvin

第 4 部分
電郵攻略篇

第 5 部分
生活攻略篇

引言

同行攜手同行

2020 年 1 月，新冠肺炎 COVID-19 襲港，香港特區政府為保障市民健康，實施了一系列防疫措施，包括：限制社交距離、限制食肆營業時間、限桌和限聚令等。2 月初往來香港特區與內地的旅客更要接受幾星期的隔離檢疫，引致旅客人數暴跌。

這一系列政策無疑對防疫有一定幫助，但事實上卻對很多行業造成沉重打擊。社會經濟收縮，失業率高企，無數公司經營出現困難，僱員收入自然也大受影響。在這情況下保險業也不能倖免。

無疑市民大眾對病毒的恐懼，確實令他們對醫療、危疾、人壽等保險需求大增，但病毒同時也打擊了客戶與理財顧問見面的意慾。雖然保監局與一眾保險公司也推出不同的線上投保渠道供客戶使用，但簡單的線上渠道只限購買一些低廉的消費型保險，至於那些有儲蓄成分的保險則要經過繁複的線上渠道投保，因此非常不受顧問和客戶歡迎，使用率極低。

封關造成嚴重打擊

而旅客隔離政策對內地抵港客戶的市場更造成致命打擊。不少以此市場為生的同業最初是以等「通關」的心態應對，但幾波疫情下來，「通關」變得遙遙無期（執筆之時乃 2021 年 12 月 31 日除夕夜，那刻仍未通關）。面對這個情況，部分同業選擇繼續「躺平」，只要公司不解除合約，便繼續收續保佣金等待；第二種人選擇放棄，決定轉行；第三種人為維持生計，兼職做其他工作，填補減少了的收入；最後一種，也是我最欣賞的一種，他們選擇緊守崗位，一方面留港服務現有客戶，另一方面走出舒適圈，學習開發香港本地保險市場。

面對原有客源減少，很多同業也嘗試做 Cold Call（陌生拜訪）。部分人選擇線上攻勢，靠打電話和發電郵接洽陌生人，相信大家也接聽過不少 Cold Call 電話。有些人向上發展，進行俗稱「洗樓」、「洗廠」和「洗舖」，行外人單看字面還以為是做清潔工。有人則選擇打地面戰，擺街站做「街霸」。有些團隊趁地舖租金下降這個機會，大肆開店，一方面藉此增加旗下同事的活動量，協助他們多做生意；另一方面，也希望多一個增員賣點，以助擴軍。

雖然方式很多，條條大路也可通羅馬，但遺憾的是團隊精通的那一種 Cold Call 你未必想做，你想做的那一種，團隊卻教不了，人世間最痛苦的事莫過於此。這個錯配問題一直解決不了，直至我 2020 年出版了《大單 —— 促成天價保單的秘訣》一書後，於 2021 年聯同馬來西亞的高手出版《大單 —— 馬來西亞 100% 成交秘笈》一書，發現兩地經營方式很不同，大馬有很多大單竟然是 Cold Call 回來的！變相那本書不單是教人做大單，還是一本實實在在的 Cold Call 秘

◆ 與好友 Eric 慶生。

笈。我不禁想：既然大馬可以有 Cold Call 秘笈，為甚麼香港地區不可以也有一本呢？

在一次慶生飯局中，我跟壽星公好友 Eric 提及大馬出書的見聞，他立刻眉飛色舞地分享 N 年前他 Cold Call 起家的經典個案。他的故事引人入勝，不像現今的粗暴推銷產品手法，而是那種將原始保險概念，既簡單又富藝術性地表演出來。我知道這就是我想要的東西了，於是便正式邀請 Eric 加入出書，當然他也爽快答應。

我們很貪心，希望這本書可以幫到很多想做好業務的人，照顧不同層面的需要。但我和 Eric 的能力着實有限，所以我們決定借力，廣邀各門各派高手好友一起共襄善舉。一方面集各家所長豐富本書的內容，另一方面藉本書宣揚一個重要信息：「同行不等如敵國，同行攜手也可以同行。」

◆ 於 2021 年 6 月 3 日第一次出書會議合照。

保險是你的第一選擇

我還記得我入行半年後，老闆 Kanki 問過我一個問題：「Wave，你覺得保險理財是一個怎樣的工作？」

我不加思索回答：「我覺得保險是一門很專業、很神聖的工作！」

「你説得很好，但很多行外人不覺得，你知道為甚麼嗎？」

我搖頭道：「不知道。」

「因為我們這個行業的人經常互相攻擊，但你有沒有見過醫生和會計師會這樣做？」

我再搖頭。

「所以別去做一些踩低別人的事，因為別人被踩低，也不代表你會升高，但客戶已很清楚你的人格了，也看輕我們這個行業。」

這段對話一直藏在我心中，多年來我一直希望透過自己的付出，為提升行業形象出一分力，最終能實現終極理想——「保險是你的第一選擇！」當客戶要做理財時，在眾多理財工具中首選保險。當求職者找工作時，在眾多工作中，第一志願是做保險理財顧問。而透過由民間發起跨公司同業聯合出書這個計劃，便正好體現這種精神。

經過我們開會商討、編寫和修改後，我們的《Cold Call》終於面世了。容我簡單介紹：

1 本書

20 多個精彩 Cold Call 故事

涵蓋 3 種業務：長期保險、團體保險、強積金

來自 4 家保險公司的 14 位作者

分享 5 大類 Cold Call 攻略，包括：工商舖、街站路演、電話、電郵和生活

我相信透過我們無私分享，一定有一種 Cold Call 適合你。希望你喜歡《Cold Call》，也祝你對保險從零度到零難度。在此我要感謝商務印書館的支持，責編的照顧，《Cold Call》才得以順利面世。

周榮佳 Wave Chow
Mr. 100% MDRT
《Cold Call》主編

第 1 部分

商舖、寫字機、
工廠大廈、大學攻略篇

第 1 章

Cold Call 皇后
馮玉玲
Florence

現職某大保險公司資深分區經理，從事保險理財行業逾 20 年。憑着專業用心的態度，深受客戶擁戴，因而取得輝煌業績而成為國際保險業最高榮譽的百萬圓桌會（MDRT）13 年會員。現為百萬圓桌終身會員，更多次榮獲多個國際行業殊榮，包括沃晟法商金牌顧問、國際龍獎 IDA、GAMA-IMA、FLA、香港人壽保險從業員協會的優質顧問大獎 QAA，並於 2019 年突破區域經理業績。

聯絡 Florence

1.1 Cold Call 皇后的誕生 —— 沒有退路相信自己

相信沒有人在寫〈我的志願〉時，是想成為保險顧問的。我在公共屋邨長大，於「電視汁撈飯」的年代成長，跟很多香港人一樣，對工作沒有方向，暑期工從事過很多行業，包括快餐店、時裝店等。受電視的影響，我覺得穿著漂亮的 Office Lady 很有型，所以一畢業便選擇在一家貿易公司當文員。辦公室十分寬敞，坐擁無敵海景，工作不算繁忙，只是收入不高，月薪只有 6,500 元。出糧時往往把一半給了媽媽當家用，剩下的只夠生活費，根本沒剩下多餘錢。所以，我放工後也同時做兼職，在銅鑼灣時代廣場擔任售貨員，每星期四天，每天三小時，生活總算穩定滿足。

這份文職做了大約一年，有一天，一位在暑期工認識的朋友致電給我，想不到這個電話就改變了我的一生。原來他的保險顧問正在擴充團隊，拜託他物色人才，於是他想起了我，並主動致電遊說我去見她。我本着一聽無妨的心態，便去見了這位素未謀面的保險經理，心想：「聽了也不一定要做。」

當年我對保險全無認識，更加沒有買過保險，在那次會面中，那位女 Leader 的衣著、談吐、態度和自信，都深深吸引了我，亦讓我了解到保險是一個很有前景的行業，因為每個人都有需要。而理財策劃這個行業，不會論資排輩，不會看學歷高低，也不會在乎你是否於名校出身，升職全靠自己的能力及努力，收入無上限。

年輕優勢：沒甚麼可以輸

我知道繼續做文職的晉升機會有限，因為在 1990 年代，文員的薪金最多加至萬多二萬元便是頂薪，但保險卻有無限可能性。我當時腦海一閃：「一試無妨，做不好大不了回去做文職，沒有甚麼可以輸。」

唯一令我卻步的是自己人脈不足。因為我在內地出生，年幼時在澳門地區成長，中學才轉到香港地區讀書及生活，而親戚都在國內或外國，在香港地區認識的朋友也着實不多。沒人就沒生意，這是我最大的顧慮。

但當時那位 Leader 説：「妳返文職工作都要朝九晚六，如果地點換在港鐵站，你拿着問卷去問途人買不買保險，當妳沒有任何技巧，妳猜每天可問到多少人？」

「100 個人也應該可以吧。」我説。

「即是一星期工作五天，一個月工作大約 20 天，妳可以問到 2,000 個途人。如果當中有 20 個人願意聽妳介紹保險，再有 4 至 6 個人替妳買，妳覺得這個數目能否做到？」

「好像不太難，應該可以。」説罷，我第二天便馬上辭掉兩份工作，展開人生新一頁。

沒有退路 只能繼續向前

在入行初期，我和一般新人一樣，需要學習銷售流程、計劃內容、如何幫客戶理財規劃，背誦話術等基本功。學習了知識，要實戰了吧！找誰呢？就想起了她 —— 一起在時代廣場做兼職的同事 A 小姐。在銷售過程中，A 問了我一句：「妳日後會不會不做保險的？」那刻我很快回答説「不會」。但隨即我發現自己許下了很重要的承諾，忽然覺得責任很大，不想令朋友失望，不能隨便辭職。

可是經過三個月的 Warm Call 生涯後，見客量實在不足。最差時月入只有 4,000 多元，給了家用就不夠自己的生活費，但我又不能夠告訴父母收入只有那麼少，因為父母當初非常反對我做保險這一行，我更不想他們更擔心。幸好我的男友和一個知己支持我做保險，陪我渡過這個難關。

由於沒有退路，唯有繼續向前。我深信 Cold Call 是唯一出路，於是主動請求師兄帶我去做 Cold Call。師兄被我的誠意打動，便帶我去將軍澳景林邨做街頭問卷。他指示我依照問卷內容訪問途人，自己則坐在一旁，我在他監視下只好硬着頭皮開口。

一擊即中 首次做問卷即簽單

那次問卷做了兩個多小時，成功問到六個途人，但只有兩個願意留下聯絡電話。我清楚記得，當天一位拖着兩個小孩的主婦被我截停，我問她有沒有時間做問卷，她沒有回答。在 Cold Call 過程中，如對方沒有明確拒絕，即代表對你不抗拒，於是我便繼續。在查詢資料過程中，我想起了公司銷售教育基金的話術，於是便找個機會說：「每個父母都希望供子女完成大學，望子成龍，望女成鳳，學費是少不了的，所以很多家長都會為子女儲備教育基金。如果我們有這方面的計劃，妳有興趣了解嗎？」

話術十分奏效，主婦說有興趣，於是第二天我便致電給她，剛巧她的丈夫第二天放假，可以到她家講解，就這樣順利地簽下了她兩個女兒的教育基金。真想不到第一擊便成功！當刻的興奮心情不能言喻，更令我深信 Cold Call 這條路是對的。

就這樣，我堅持做了一年多 Cold Call，成功擴大客源，同事們更稱呼我為「Cold Call 皇后」。一年後我靠着客戶的人脈轉介，已經忙得不可開交，無暇再做 Cold Call 了。

回首一看，Cold Call 為我帶來了 109 位客戶，其中一位客戶最多替我簽了 12 張單，而另一位客戶則為我轉介了最多 33 個客戶。可以看到，Cold Call 市場發展空間可以無限大，問題是你有沒有膽量，夠不夠堅持。

◆ 入行初期跟師姐做街頭問卷。

1.2 商店老闆的信任 —— 如何令陌生人向你坦誠

剛做 Cold Call 時，我甚麼形式也會做，由打電話、街頭問卷，到洗工廠、洗商舖都做過。我也去過不少地區，包括將軍澳、長沙灣、火炭、金鐘政府合署等。最後我鎖定主力洗工廠及商舖，地區則選了柴灣。

選擇洗工廠及商舖的主要原因是他們會打開門做生意，很少會鎖上門，推門便可進內，工廈的保安人員甚少攔阻，而且老闆及職員會經常在那裏駐守，很容易接觸到他們。至於選擇柴灣區的原因，一來我的家及公司都在港島區，前往那裏較方便；二來這區工廈及商舖多，重點是沒有中環、銅鑼灣等地區繁忙，只要不阻礙他們做生意，被趕、被拒絕的機會也較低。

我其中一位交情較深的客戶 B，就是在柴灣 Cold Call 認識的。話說在我入行半年後的某天在柴灣區洗商舖，我步入其中一家做廣告招牌的小店，當時有三位男士在工作，我隨便跟其中一位男士說：「你好呀，我是 Florence，是某某保險公司的理財顧問。我剛巧在附近處理客戶服務，順道過來這邊探一探你們，你們有沒有聽過保險？」

以上是我做 Cold Call 的開場白，一般都是單刀直入，不用轉彎抹角。可能大家會問：如此直接，會否很容易被拒絕？沒錯，被拒絕是預料之中。「我沒時間」、「沒有需要」、「我已買了」，通常離不開這幾個回應，而 B 也與大部分人一樣，說了一句：「我已買保險，不需要了。」說完便想打發我走。

被拒絕是十分正常的事

做 Cold Call 最難是兩方面：第一是向陌生人開口，在推門進入商舖或工廈的一刻，總覺那扇門有千斤重；第二是害怕被拒絕，不斷被拒絕的滋味絕不好受，對於剛入職的新人來説，通常在被拒絕第二或第三次後，已經不願意再做下去。

但其實細心思索，這些都是自己幻想出來的心魔。試想一個你完全不認識的陌生人，他不知你是誰，不信任你，拒絕你是十分正常的。所以做 Cold Call 的成功關鍵，是要與對方建立信任。

當我做 Cold Call 大約兩星期後，已領悟到這個道理。當有了被拒絕的心理準備後，我每走進一家店，向每一個陌生人開口，心情反而輕鬆很多。B 拒絕我後，我並沒有調頭就走，反而繼續在店內跟他寒暄，隨便找點話題。

閒話家常　打破隔膜

「來這裏幫襯的多數是甚麼客人？」

「你做了這行多久？現在生意是否很難做？」

「你家離這裏遠不遠？乘車時間要多久？會否很塞車？」

只要你説話有禮貌，態度誠懇，問的都是他們切身的話題，對方一般都會回應。從對話中，可儘量了解客人的背景，例如對方有沒有結婚、有沒有子女、有沒有買樓等，那就是財務顧問經常做的 Fact Finding。藉此可加深認識這位新朋友之餘，同時可了解對方有沒有保險或理財需要。

第一次認識 B，我也不期望他會透露太多個人資料，我只知他的姓氏，又是這家小店的老闆。我閒聊一會後，放下名片便離開了。大約一星期後，我又找個機會探望B，甫進店內，他便認出我：「又過來工作？」

「對呀，我剛見完客，順路經過，進來打個招呼。」其實那次我並沒有見客，而是刻意去找他的，但我必須這樣說，因為你說專程找他，對方會感到壓力，覺得你準備硬銷保險，便會築起防護罩。如果說路過，他的心情會舒服一點，聊天時會更加釋放自己。

建立信任 灌輸「保險很重要」的訊息

第二次的探訪都是閒話家常，自此我每隔一段時間，都會去探望B，甚至會在下午茶時間帶一盒蛋撻送給他和他的員工。話題除了日常生活外，更會提到時事，談談近期發生的天災人禍、最近我處理過的賠償個案、現時的醫療制度等，藉此向他灌輸「保險很重要」的訊息。

慢慢地，我感到B對我放下戒心。有一次我不經意問起：「你買了甚麼保險？供多少錢？是否很貴？」這些說話很有效，如果他們有買，會如實說買了甚麼計劃、每月供多少錢等，那你就可乘機看看他們缺少了哪些保險。但如果他們沒有買，就會吞吞吐吐，說不出重點來。

「我其實沒買保險，之前騙了妳不好意思。」B終於跟我坦白。

「明白的，始終那時我和你不熟。但想了解一下，為甚麼你不買保險？你做廣告招牌，其實有一定危險性，你太太沒有工作，小朋友年紀又小，你是一家的經濟支柱，萬一發生意外，家人如何是好？」

由於之前我已做了大量 Fact Finding，很容易便說出了B 的痛點。其實同一時間，B 也在觀察我，看我是否一個可靠的人。當他看到我的誠意，也不介意向我坦白，對保險亦不再抗拒，最後我順利為他買了全面的保障計劃。

我與 B 自此也成為了好友，他與公司員工或朋友在附近飲茶時，也會邀請我一起，介紹我給他們認識：「她是我的理財顧問，你們買了保險沒有？沒有就找她吧，她做事很有責任感的。」在 B 的引薦下，我也成功簽到他的員工及朋友的保單。

助一家渡過經濟難關

十多年後，B 要做一個心臟通波仔手術，整個療程費用約 10 萬元，他出院時我也有去探望他，順道替他處理賠償申請。萬萬料不到，在收到文件後第二天，我就接到 B 的太太的電話，B 因急性心臟病去世。

天意弄人，我懷着悲痛的心情再次處理他的人壽賠償。我將支票遞給 B 的太太時，她雖然傷心萬分，但亦感激我當天有為他丈夫買保險，可以幫忙支付前期的昂貴手術費。而她因為一直沒有工作，積蓄不多，這筆人壽賠償金就成了她與兩個兒子的及時雨，助他們一家渡過經濟難關。

COLD CALL 貼士

1. 洗商舖要選非繁忙時間進行

如果 Cold Call 目標是地舖，在工作繁忙時做 Cold Call 會阻礙他們工作，增添反感。最好選一些非繁忙時間，如平日的下午茶時間，看到店內沒人時才進入店舖，那 Cold Call 效益會最大。反而洗工廈通常在辦公時間進行便可，毋須分繁忙或非繁忙時間。

2. 注意聲線、語氣、面容

面對陌生人，大家還未建立信任關係，一定要給予對方良好印象，尤其是第一分鐘要令到對方舒服，不對你生厭。所以開口時一定要面帶笑容、注意聲線及語氣要友善。最好放鬆心情，當自己去認識一個新朋友。能否成功破冰，關鍵往往就在首一分鐘。

3. 了解對方背景及財務狀況，語氣切忌像審犯

成功破冰後，就要深入了解客人更多背景資料，即是 Fact Finding 對方，尤其是財務狀況。但過程切忌像審犯式盤問，必須像朋友交流般，間中可透露自己的背景，令對方對你也有所了解，有助增加互信關係。

4. 要有耐性跟進，別輕言放棄

如果對方沒有明確答覆，或是拒絕你，不要馬上放棄，可在記事簿記下對方資料，以及會面的情況及氣氛、對方反應、拒絕原因等。隔一段時間再做一次探訪，而當你可以説出他的資料時，他便會對你加深印象。很多理財顧問往往忽略跟進，結果錯失不少機會。

1.3 1變33：由 Cold Call 引發的龐大客源網絡

先跟大家分享一個小故事。話説有一座山，山上有兩座寺廟。由於山上沒有水源，寺廟各派一名小和尚 —— 一休和無休，每天下山打水，風雨不改。但某一天一休發現，已多天未見無休蹤影，擔心他生病了，於是主動去探望他。當他到達無休所住的寺廟，卻看到無休正在習武，身體甚是壯健。

一休好奇問無休，為何連日來沒有下山打水，無休便帶他到後園。一休看到了一口水源充足的井，無休説：「落山打水甚是吃力，所以我每天打完水後，都會再花兩小時掘井，經過一年時間，我終於成功了，現在我毋須攀山涉水，也有源源不絕的水源了。」

其實理財顧問尋找客源，也與小和尚找水源一樣，大家做 Cold Call 時，別只顧開拓新客源，也應該善用每位新客戶的人脈，來擴充自己的客源網絡。其中我最得意的一個 Cold Call 個案，就是一個人介紹了 33 個成功簽單的客人。

這個 Cold Call 發生在我入行後一年半左右。那次是洗工廠，我推門進去，有十多個男士正在工作。我橫掃一下各人的反應，有些非常專心工作，繼續埋頭苦幹搬運貨物，當我透明一樣；有些則好奇地看了我一眼，始終一個女人穿着套裝在工廠大廈出現，跟現場環境格格不入，難免引人注目。

製造危機感　點出保險重要性

一般來説，和與你有眼神接觸的人溝通，成功機會率較高。所以我專挑那些與我有眼神接觸的人開口：「你好呀，我是 Florence，之前有沒有聽過保險？」

第一個説：「你找他吧！」

第二個説：「找他！」

第三個説：「他有需要！」

我就像人肉足球般被踢來踢去，幸好我是女性，男士都會留三分情面，很少會惡言相向。

我逐一詢問在場人士，直至一位年輕人說：「我沒有買。」他竟然沒有拒絕我，即是機會來了。

「為甚麼不買？」我問。

「有想過買，但覺得現在仍然後生，不用太急買吧！」

「雖然你後生，但你是有血有肉的人，會受傷及生病，一張紙都可以弄至流血，更何況你在工廠工作，擔擔抬抬，更加容易發生意外。意外只是一秒間發生的事，沒有人能夠預知下一秒的事。如果你發生了意外，你的家人怎麼辦？」

製造危機感是銷售保險其中一個常用的方法。如果對方是一個有愛心、有孝心的人，會很容易被你打動，因為他們絕不想拖累家人。

這位年輕男士 C，確是一位孝順仔。他跟我説自己沒有儲錢，也擔心自己生病或有意外，成為家庭負擔，所以也覺得有需要買保險。

◆ 只要善用現有客戶的人脈，由 1 張單變 33 張單絕對不是夢。

打鐵趁熱　即日在附近餐廳詳談保單

打鐵要趁熱，既然 C 已表露了購買意願，就要快刀斬亂麻，別輕易放走生意機會。但那裏始終是他工作的地方，不方便詳談保單內容，於是我約他放工後再談。

洗樓、洗工廠、洗店鋪時，必須熟悉周圍環境，知道附近有甚麼環境較寧靜、適合傾保單的餐廳，因為一旦遇到有意買保單的 Cold Call 客，就可以第一時間約定他們時間、地點，不用放走他們。例如在柴灣區，我一般會相約在港鐵站旁邊商場的快餐店內，那裏人不太多，又不怕被職員趕走，再加上就近客人的工作地點，被拒絕的機會較低。

那天我約了 C 放工後在快餐店內詳談保單。其實只要 Cold Call 客依時出現，簽單成功率已經有 50%，餘下 50% 便要看大家當天的銷售表現。我依照在公司學到的銷售套路，一步步向 C 介紹保險計劃，過程相當順利，也沒有太大的異議，結果當天順利簽成一個全面的保障計劃。

簽單不是完結……而是開始

簽完單絕不是完結，反而是開始。可能我倆年紀相若，所以成為了好朋友，不單會交流保險及財務上的問題，甚至其他有關生活、旅行、娛樂、人際關係等話題也無所不談。由於我每逢在柴灣洗工廠，都必定會順道探訪 C，久而久之，他的同事也對我放下戒心，其中五個人有跟我買保單。C 也有主動介紹其他舊公司的工作夥伴給我認識。這些介紹客戶當中，有些是我主動開口，但更多是 C 主動介紹我給他的朋友認識。

另外，我也認識了 C 的女友，後來更成為無所不談的知己。她比 C 介紹了更多客戶給我，由她衍生出來的客戶人數，竟比 C 還要多。最後埋單一算，由 C 介紹並成功簽到單的客人，一共有 33 個之多。要知道一個客人不一定只簽一張單，可以簽兩張、三張，甚至更多，大家可以想像，由 Cold Call 引發出來的潛在生意額有多大嗎？

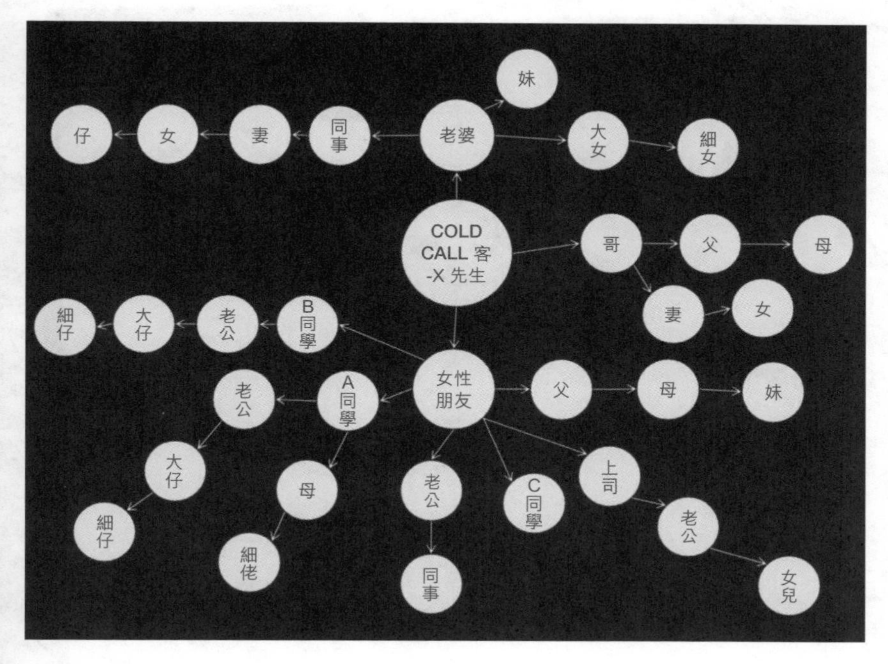

◆ 由 C 引伸出來的客戶網絡圖。

很多人都說，做保險沒有朋友，但我絕對不認同。回想我做理財顧問前，我的朋友着實不多，Warm Call 做不大，所以才硬着頭皮做 Cold Call。但有趣的是，做了 Cold Call 之後，我的朋友比以前更多。正因為我視每一位客戶為我的朋友，所以每介紹一個客戶給我，我便多了一位朋友。

COLD CALL 貼士

1. 打扮要專業

雖然工廠大廈環境一般較差，20 多年前甚少有冷氣，洗工廠時通常都會汗流浹背，但大家的衣著打扮絕不可馬虎了事，一定要以專業裝束示人，說話要用專業人士口吻，不能矯揉造作。尤其是處於現今這個年代，財富管理變得更為專業，別人會否選擇你作為顧問，便看你是否比別人專業。所以我們也要持續學習，除了自己公司的產品之外，也要認識其他公司的產品。

2. 速戰速決 儘快跟進

當 Cold Call 的客人有一絲購買意慾，便要馬上約他放工後在附近餐廳跟進，就算約不到即日，也不可相隔多於一至兩天，別讓他考慮太久。因為時間一長，客戶購買意慾冷卻後，要再約出來就不容易了。

3. 建立朋友關係 爭取介紹開拓客源

要與 Cold Call 客戶建立進一步的關係，視對方為朋友，在取得信任後，當客戶的親戚朋友有保險需要時，自然會第一時間想起你。

第 2 章

工商廈洗樓王
李偉源
Derek

1989 年加入保險業，1995 年成為全公司 5,000 多位同事中，獲得最高生意額的前 10 名。連續 30 年獲得 MDRT 資格，四年百萬圓桌會超級會員，並於 2002 年成為百萬圓桌終身會員。多年來，出色的銷售造詣令他廣獲業界推崇，當中包括香港人壽保險從業員協會（LUAHK）頒發優質顧問大獎（QAA）、優質經理大獎（QMA）及國際品質獎（IQA）。

聯絡 Derek

2.1 享受 Cold Call 樂趣
保險事業改變人生

我是一個內向的人，如果不是加入了保險行業，可能已經成為隱蔽青年。

話說小時候我已是孤兒，自小與哥哥及姐姐相依為命。後來哥哥、姐姐結婚了，我獨個兒搬了出來住。為了賺外快，我在讀書時已在超級市場做兼職，畢業後曾先後在酒店做調酒員及廚具推銷員。

由於家境不好，我花了很多時間工作。做廚具推銷員時，我用了 11 個月時間，成為全店生意額最高的員工。可惜亦因此沒有時間參與社交活動，所以朋友不多。我在做保險前只得十個朋友。

其中一位朋友的女友是保險理財顧問，她看到我工作很勤奮，便嘗試邀請我加入她的團隊。師姐說：「你如此努力，但一天可賣多少套廚具？如果你生病，不能開工，就沒有收入。但保險不同，只要客戶簽了第一張單，你服務得好，他們續供，你便持續有收入。」

我雖然也認同這個佣金制度，但當時我沒有馬上答應，因為我不相信保險。師姐說：「你現在不信保險不要緊，不如我賣一個很平的服務給你，只需 700 元一年，大約 50 元一個月，但凡你意外受傷要看醫生，或是意外傷殘甚至死亡，都可以得到賠償，不如先買這個，感受一下何謂保險？」

我見師姐盛意拳拳，就當賣她一個人情吧。想不到買保單後不久就發生了一宗小意外，我被吹起的一塊鐵片撞傷左眼，雖然沒有流血，但滿眼通紅和腫脹。我本來沒打算治療，但朋友建議我看醫生，師姐亦說：「這絕對是意外，你買的保單可以賠償的。」

◆ 連續 30 年奪得 MDRT 殊榮。圖為第 25 年獲 MDRT 上台領獎盛況。

認同保險的作用

既然有賠償，便聽他們建議去看醫生，花了 700 元診金，竟然順利得到賠償。那刻我才相信，保險並不是騙人的，如果不是有這張保單，我便不會去看醫生，到時可能衍生更大的問題。

師姐見我不再抗拒保險，於是又再一次向我招手，我跟她說：「但我沒有朋友，如何做？就算十個朋友都願意替我買保單，最多也只有十宗生意。」她就建議我做 Cold Call。原來師姐本身都是 Cold Call 能手，生意做得不錯，當我知道保險也可做 Cold Call 後，我便答應她入行。

我正式加入保險業的時間是 1989 年 3 月，入行第三天已經到工廠大廈做 Cold Call。根據統計，大部分新人都可在 10 天內成功開單，可是我最初 20 天連一張單也簽不到。

在沒有簽單的日子裏，一直反對我入行的姐姐帶我去看相，那位算命師斷言我做保險一定不會成功。但我不甘心，就這樣放棄豈不是被算命師控制？於是回公司請教上司：「我很勤力做 Cold Call，由朝做到晚上八時，又依照你的話術去講，但不知出了甚麼錯，仍開不到單。」

上司提出跟我一起做 Cold Call，看我的失敗原因。我們一起去到柴灣某工廠大廈洗樓，我飛快開門，直接就進入經理房。上司尾隨我進入，但只在旁觀察，未有開口幫忙。五分鐘後，我倆都被人請走。我們再到第二家公司，事件又重複發生一次。

尋找失敗的原因

當我步出這幢大廈時，上司說：「Derek，你做 Cold Call 很有天份，很少人會直接入經理房的，你完全不怕，真有你的。」

我笑說：「在房內，外面的員工聽不到我說甚麼，我便不會太緊張。」

上司說：「但你做 Cold Call 可否友善一點？」

我說：「我不友善嗎？我依着你的話術，一字一句說出來，沒有錯呀。」

上司說：「你說得對，但語氣方面可否輕一點呢？在旁人聽來，你其實似在審犯，而你又偏偏愛找廠長、經理級的人，他們是很要面子的。」

原來是因為我太緊張，於是將學習的話術一字不漏背了出來，卻欠缺感情，沒有了「靈魂」，再加上笑容欠奉，便構成一個審犯的畫面。我回家對着鏡再做一次，那刻才發覺自己的表現確是惹人生厭。於是我面帶笑容反覆練習，學懂將語調放輕，五天之後，我終於成功簽到第一張單，而其後兩天都有開單。

經過反覆練習，我愈做愈順利，大約八至九個月，我已經對話術駕輕就熟，不再需要死背，而客源亦因此增加不少。兩年半後，我已經毋須再靠 Cold Call 開單，單靠介紹也已忙得不可開交。

自入行第三年起，我連續 30 年奪得 MDRT 榮譽，當中最令我開心的是，Cold Call 使我勇於接觸陌生人，成功擴闊我的生活圈子，也從中學懂與人相處和溝通。可以說，保險拯救了我這位隱蔽青年，我那時做夢也想不到現在會是一位保險公司區域總監。另外，我亦享受 Cold Call 的過程，因為你不知會接觸到甚麼人，而下一刻又會發生甚麼事，這為沉悶的生活增加了不少樂趣。

2.2 惡廠長的支持 成就人生首個 MDRT

我做 Cold Call 以工廈及商廈為主，但每家公司總會有保安員或接待員。如何避開他們視線，直接進入主管的房間？

答案就是千萬別心虛，要若無其事，堂堂正正步入公司。假如你表現得閃閃縮縮，大家一看便知你並非員工，那就很大機會會請你離開。說出來當然容易，身體力行最難，我也是經過多次練習才熟能生巧。以下分享一個我與一位廠長做 Cold Call 的故事，這位廠長最後還成為我仕途上的大恩人。

巧妙避過門口保安

某天下午六時，我來到一家製衣廠的辦公室，門外坐着一個年邁的伯伯，負責保安。我面帶微笑與他打招呼：「伯伯，你好，還未放工呀？」然後大模廝樣步進辦公室大堂。

伯伯明顯對我的身份有懷疑，但見我已進入公司，不知如何反應，雙眼一直盯着我。我也知道自己被「監視」，所以要保持鎮定，施施然走到其中一位員工旁邊，低聲說：「你好呀。」

這位員工一呆，問：「你是誰？」

我說：「我是代表 XX 保險公司，上來找你們公司管理層，談談醫療保險，帶些員工福利給你們。你貴姓呀？」

員工說：「我姓勞。」

我說：「勞姑娘，你好。今日公司派我來認識你們的管理層，請問那間房裏的人是誰？」

勞姑娘說：「是我們的廠長。」

我說：「她貴姓？」

勞姑娘說：「姓麥。」

勞姑娘為人很友善，我繼續與她閒聊，伯伯亦不再「監視」我了，返回門口看守。當然，我亦遇過失敗情況。有些疑心重的員工不會隨便告訴你公司內部情況，更會請保安把我送走。如遇到這種情況，那就微笑說：「不好意思，不方便的話我下次再來。」Cold Call 就是這樣，這家不行便下一家，總有一家成功。

我跟勞姑娘聊完後，便進房找麥廠長。房間很大，個子細小的麥廠長就在她的座位埋頭苦幹地工作。我敲一敲門，說：「麥廠長，妳好！」

麥廠長抬頭，兇惡地問：「你是誰？」

我說：「我姓李，代表 XX 保險公司來的。」

麥廠長說：「誰放你進來的？」

那刻我害怕她會辭退保安伯伯及勞姑娘，於是急忙說：「沒人帶我進來，我是專程來找妳的。」

麥廠長說：「你為甚麼會認識我？」

我說：「妳在這區很有名的，妳不知道嗎？所以公司專程派我來拜候妳，談談保險的事宜。」

麥廠長說：「保險公司？你們很差勁。我女兒介紹我買了一張保單，但那個代理突然不幹，於是我打電話給那個代理的上司，他將電話交給秘書。我問了很多問題，掛線之前，我聽到那秘書說，這個婆娘很煩。她竟然叫我『婆娘』，你說是否很過份！」

三小時的拜訪

麥廠長一邊説，我一邊步進她的房間，在她對面坐下來。聽完她一輪抱怨後，便説：「妳這個經歷確實不愉快，但我知妳買的保險一定是很好的計劃，只是沒有人跟進，其實我願意為妳提供服務，妳能否給我一個機會，聽我介紹一個個人入息保障計劃？」

麥廠長提高聲線説：「又買？那次經歷我仍然火滾！」幸好此時一位職員進來請示麥廠長，我趁麥廠長忙着處理工作，便把握機會整理思緒，看下一步要説甚麼。

這天晚上我在麥廠長的房間足足坐了三小時，由六時坐到九時，大部分時間麥廠長在工作，有空才與我對話，我倆真正溝通的時間只有約 45 分鐘，但足以了解到她的背景。

麥廠長 40 來歲，有四名子女。一説到子女，麥廠長特別緊張，我問她：「如果妳發生意外，傷殘了，不能再工作，妳會否覺得自己成了子女的負擔？」麥廠長沒説話，像刺中她的痛處。

我再説：「妳將來退休，也需要一筆退休金。如果妳的退休金不足夠，也要由子女供養妳。」我不斷用子女的角度來打動麥廠長，最後她也認同現時的保障不足，答應多買一份人壽附加傷殘保障的保單。

第二天，我再到麥廠長的辦公室講解建議書，她聽完後説：「不錯，我考慮一下。」然後將建議書放在櫃內。

為了可以即場簽單，我不慌不忙地説：「當然要考慮，因為保險公司也要考慮是否接受妳投保。」

麥廠長好奇問：「為甚麼？」

我說：「保險公司有機會因為妳的健康狀況拒絕妳投保，所以妳要驗身，驗身後才知能否買到。不如我先幫妳約驗身時間，下星期四或五哪個時間方便？」

麥廠長說：「怎會買不到？就星期四吧！」

感動的電話

結果麥廠長順利通過驗身，保單成功批核。兩星期後，有一天我乘巴士時接到麥廠長來電，她氣憤地說：「你不會欺騙我吧？」

我大為緊張說：「當然不會，為何如此說？」

麥廠長說：「我被家人罵了一整晚，他們說我被你騙了……」

原來她的女兒知道母親跟一個陌生年輕人買保單，說了很多難聽的說話：「我已介紹妳買一份保單，這保單是多餘的。」連她的丈夫都插嘴：「想不到妳阿媽一世精明，竟被一個年輕人騙到。」

麥廠長抵受不住冷嘲熱諷，大喝一聲：「你們收聲，我信這個年輕人，他不會騙我。」之後她便入房打電話給我。

我聽到後感動得哭了起來，我問她為何如此相信我，還將這事告訴我？她說：「我因為你受了委屈，當然要你知道。其實我也不知道是否信得過你，你應不會令我的單變『孤兒單』吧？」

我馬上大聲說：「妳放心，我會好好做下去，一定不會令妳的單變『孤兒單』的。」說完，所有巴士乘客都看着我。那刻我立志要做好這份工，一定不能令麥廠長失望。

年輕人的難題

故事仍未説完。話説公司臨近年底截數，我距離人生第一個 MDRT 只差少許便達標，但我可以找的客戶都已找過了，我還可以做甚麼呢？

突然我又想起麥廠長，因為那時剛推出了一個新的計劃，可能適合她，於是冒昧再找麥廠長一次。我介紹完建議書，麥廠長再次將計劃書放入櫃內，説：「我考慮一下。」

那刻我整個人呆了，麥廠長年初才驗完身，難道又叫她驗身嗎？我不知下一步可做甚麼，腦裏一片空白。麥廠長見我呆若木雞地站着，以為我不開心，於是用家長式的語氣訓話：「年輕人，做生意不能這樣，一定要給時間別人考慮。買是一種需要，不買是道理。」

我無奈地説：「麥姑娘，有一個年輕人現在遇到一個難題，他工作三年，現在在 4,000 人當中，業績有望晉身前 100 名，還可以奪得人生第一個 MDRT，他目前只欠很少很少就能達標，但時間只有三天，妳説他此刻是否應該放棄？」

麥廠長看着我，語重心長地説：「這個年輕人一定不是醒目的人，如果他醒目，這時已經拿出文件給客戶簽署了。」

我有點不相信自己的耳朵，瞪大眼睛看着麥廠長，麥廠長在櫃內拿出建議書，説：「在哪裏簽名？」

我馬上幫忙處理文件，並連番感謝她，期間又問：「為甚麼你會幫我這個年輕人？」

麥廠長一邊填文件一邊説：「人與人之間的友誼很難去衡量，我也捱過苦，要晉身前 100 名不容易，我想你做得好，你不會令我的單變『孤兒單』吧？」

那刻我很感動，離開後更信心滿滿，馬上想起附近還有一些類似麥廠長的客戶，於是上門再次拜訪，結果我在三天內達成目標，拿到人生第一個 MDRT，完成了幾乎不可能的任務。之後我與麥廠長一家成為了朋友，她的女兒和丈夫也成為了我的客戶。可以說，我今天有如此成績，全因為麥廠長當初的信任，支持我繼續做下去。

◆ Derek 與他的團隊合照。

COLD CALL 貼士

1. 做 Cold Call 通常鎖定三個區域，然後進行地氈式探訪，有些公司更會重複去幾次。此舉有兩個好處：一來熟地利，知道所有公司位置；二來經常在該區出現，客戶對你會更有親切感。
2. 面對門口保安或接待員時，必須表現自然，像自己是員工一樣，被攔截的機會便會降低。
3. 對於 Cold Call 對象的質問，要從容應對，四両撥千斤地將注意力帶到別處，然後慢慢展開對話。
4. 讓客戶感受到你的真誠。獲得對方信任後，便有機會再簽第二張單，甚至會介紹其他客戶給你。

2.3 理財顧問的氣焰——應對麻煩客戶

做 Cold Call 要面對海量的陌生人，其中難免會遇上麻煩客人。很多從事服務業的人都認為客戶永遠是對的，對着麻煩客人就要逆來順受，但作為理財顧問就不可以有此想法，必須糾正客戶的錯誤觀念，對的事就不怕説出來，説不定客戶會欣賞你這份氣焰。

這次分享我曾經遇上的一個麻煩 Cold Call 個案。話説某天我來到一家貿易公司，我請接待處職員通傳找會計部，若然對方問起「你找哪一位？」或「有甚麼事？」，只管説：「你幫我通傳就可以了，他們知道甚麼事。」

找會計部，是因為他們多數會負責勞保、團體保險等事，所以成功見到會計部職員後，就可以先用介紹勞保等打開話題，然後再運用上一個麥廠長個案內提及的方法，了解各部門主管的名字及座位位置，然後再逐一拜訪。

其中一位主管 D，是辦房的負責人，是位年約 50 歲的中年男士，我敲門説：「你好，D 先生。」

D 説：「你是誰？你如何進來及知道我的名字？」

我繼續用四両撥千斤的方法，略過如何進來的部分，只道明來意：「我是代表 XX 保險公司的，因為我經常在這區工作，剛巧路過，所以特別上來拜訪你，談談個人入息保障計劃。」

D 説：「保險公司？我不信保險的，走走走！」

我説：「其實我以前都不信保險的，不過意外的事真的很難預料……」

不瞅不睬　如何應對？

我將自己由當初不相信至相信保險的經歷講述一次，D默不作聲，繼續他的工作。我見D不趕我離開，於是進房內坐下，繼續說：「其實保險不是你想買就買，不如我先替你做一個財務分析，看你是否適合買這個計劃？」

D沒有任何反應，於是我繼續我的問題：「你現在居住的單位，請問是租的還是買的？」

D未有回答，我再重複多一次問題，依然石沉大海。我於是一臉嚴肅地說：「我們做理財顧問，一定要先了解你的家庭及財務狀況，才知道我們的服務是否適合你，所以你一定要合作，我們才可以繼續。究竟你的單位是租的還是買的？」

D很晦氣地回答：「租呀、租呀、租呀！」

我再問下一個問題，D也不太願意答，不斷埋怨說：「為甚麼這麼多問題？很煩！」「你這小子，我為甚麼要聽你的？」「你今年幾多歲？我食鹽多過你食米！」

對於這些回應，我像人生導師般，解釋他為甚麼今天需要做理財保障、為何理財愈早愈好等道理。D聽完未有進一步反駁，反而乖乖地回答我餘下的問題。

資料都是假的

整個分析歷時逾一小時，完成後正想跟D約下次見面時間，誰知他開口說：「我剛才所說的資料，全部都是假的。」

相信大部分人一聽，都會覺得被作弄，氣上心頭。但我沉住氣，笑笑說：「不要緊，你不說實話，一定有你的原因。

既然你也向我坦白，我們重新做一次財務分析。相信你今次會跟我説真話吧？」

原來 D 最初不信任我，所以説了一些假資料來敷衍了事，但經過一小時交流後，覺得我是一個可靠的人，面對他處處質疑及挑戰，卻未有退縮，反而出言糾正，耐心地解釋箇中道理。而且經過這次財務分析後，他明白自己確實未有為太太做好保障，也未做好退休準備，實在有需要買保險，所以便跟我説實話。

其實 D 是口硬心軟，他雖然表現不合作，但最後還是答應了。就像第二次我講解完建議書後，請他開支票給我時，他也繼續給我説話聽：「你這小子都不知用了甚麼方法，我明明跟自己説不會付錢買保險的。」

我説：「好東西是要付出的，你的家人得到足夠保障，開這張票絕對值得。」最後 D 還是開了票。

兩星期後，我把保單送到 D 的家時，他請我吃飯，席間他夾了一塊肉給我，説：「小子，這是好東西，試試。」我道謝後吃了一口，味道確實與別不同。D 大笑説：「我特別在深圳請人劏了一頭狗，見你這麼落力，請你吃好東西，吃多點。」那刻我馬上想吐，但 D 盛情難卻，我唯有勉為其難吞了下肚。我就是這樣吃了人生第一次也是唯一一次狗肉。

一個陌生人為甚麼要相信你、接受你的 Cold Call？就是因為你夠專業，夠真誠，而不是要聽你的奉承。所以大家做 Cold Call 時，所説的每一句説話，都要夠自信，深信自己所説的確實是為了對方好，必須讓對方感受到你的專業，才可取得對方信任。

◆ Derek 與團隊在活動中合照。

不簽單也覺滿足

題外話，當我第二次找 D 簽保單兼開票，離開時我重遇第一次見面的會計部職員周女士。她是這家公司的老臣子，大約 40 多歲。她好奇我為甚麼會再來公司，於是我又順勢將 D 購買的計劃向她介紹一次。周女士聽後也深感興趣，於是我相約她數天後到她家中簽文件。想不到這一趟 Cold Call 可一石二鳥。

一切看似順利，但暗湧往往就在最後出現。當我在周女士家中講解建議書時，她的女兒致電，極力阻止母親簽保單文件，還在電話大聲喝罵。我隔着空氣也嗅到火藥味。

原來女兒早前曾介紹母親買保險，但周女士未有購買，反而跟一位陌生年輕人買保險。女兒一來怕母親被騙，二來覺得自己不被信任，因此氣上心頭。她更向母親表示，如果母親買了保單，或是我還在家中，她便不會回家。

周女士登時哭了起來，因為我上次很詳細跟她解釋了保險的需要，又做了很仔細的財務分析，覺得我是相當可靠的人，可惜女兒完全不聽她的解釋，令她覺得左右做人難。

我不忍心看到周女士兩母女的關係變差，於是說：「周女士，不要哭了，這不關你的事。我們年輕人需要的是機會，我亦很努力做到最好，雖然今天未必簽到任何單，但我得到你的信任及認同已經足夠了。」

我離開周女士的住所，記得當天的街道特別寒冷，但我的心一點也不冷。雖然最後這張單也簽不成，但我可以令一個陌生人明白保險是甚麼，加上她又這樣義無反顧地信任我，我覺得自己根本沒有輸。這更是我仕途上一個很好的鍛煉。而周女士亦成為我 30 多年來最深刻及最難忘的個案。

COLD CALL 貼士

1. 在公司接待處只需說出想接觸的部門，其他毋須多說，然後請部門職員儘快帶你進入公司，遠離接待員的視線範圍。因為進入公司後，職員通常都會埋頭苦幹地工作，只要不造成太大騷擾，很少人會理你。
2. 面對 Cold Call 客戶的質疑，不應怯場，應將認為正確的事說出來，對方覺得有理時，自然會繼續聽下去。
3. Cold Call 客戶初時未必會說實話，所以必須有耐性，讓他們感受到你的真誠與專業，他們信任你才會成功。

第 3 章

保險蜘蛛俠
潘偉明

Eric

畢業於香港大學數學系，1995 年 12 月由銀行及財經資訊行業轉至保險行業。已累積超過 25 年的豐富金融理財行業經驗。與此同時，更積極參與其他學術及企業培訓工作，曾多次出任各大專院校、政府部門及私營機構的培訓導師。2009 年，正式晉升為某大保險公司區域總監，並建立自己的團隊。團隊旨在與有志投身理財保險行業的人士和合作夥伴共同實現成長和幸福的願景（To Actualise Growth & Happiness）。

微信 Eric

3.1 一顆不安於現狀的心

20 多年前，一個在中環跨國財經資訊公司上班的人，毅然說要轉職做保險前線銷售，相信很多人的反應是：「傻的嗎？」沒錯，我就是如此瘋狂的一個人。

我於 1995 年末加入保險業，之前兩年在中環交易廣場上班，公司是金融界十分有名的金融財經資訊公司德勵財經（Dow Jones Telerate），月薪 2 萬多元。我接觸的客戶都在投資銀行任職，在高級酒店午餐見客、出入坐的士，費用都是由公司支付。這不就是人人都夢寐以求的 Dream Job 嗎？

我一向工作積極，上司及其他同事均滿意我的工作態度和表現。有一天，我向總經理提出升職加薪的要求，可是因為當時公司沒有更高的職位空缺讓我晉升，上司只好拒絕我的要求，但為了安撫我，就慷慨地加了我 2,000 元人工，並在我本來的職銜上加上「資深」二字，但工作性質跟原來完全一樣。

保險是穩賺不賠的生意

時間就是金錢，若然這樣在公司繼續待下去，事業也不會有很大的突破，去意已萌。適逢當時在 Dow Jones 工作的舊 IT 同事，轉職去做理財顧問，他回來找我買保險。當時我看到他名片上的職位是 “Financial Planner”，而非保險經紀或代理，就覺得好奇。舊同事解釋說：「現在保險業已不單純提供保險產品，還會有財富管理、投資及退休計劃等，是很專門的行業。」

我於香港大學數學系畢業，懂得統計學的原理，保險公司對理賠率及保費擬定均經過精算師精密計算，基本上是穩賺不賠的生意，而且根據我當時工作機構的資訊得知，很多保險公司的市值比跨國銀行還要高，前途分分鐘比在投資銀行工作更佳。

那刻我突然對這個行業很感興趣，於是我跟舊同事説：「你先不要説保險計劃，我想了解你的工作。」理財顧問是一個多勞多得的行業，收入無上限，毋須等舊人離職後才可升職，公司更有大量資源支援同事發展業務。愈聽愈覺得吸引，急不及待請舊同事帶我去見他的上司。

Leader 的魅力

記得第一次見那位上司，即我由入行至今的直屬 Leader —— Dr. Raymond Wong[1]，是在香港會議展覽中心舉行的一場職業講座中。他當時正在台上發表演説，內容沒有談及「保險」這兩個字，反而是講解關於人格拓展及如何發揮個人潛能的演説。我深受啟發，並被這位 Leader 的魅力及智慧深深吸引，馬上請舊同事安排與他見面，豈料雙方一拍即合。在往後的保險路途上，我得到 Dr. Wong 的悉心栽培和指導，讓我獲益良多，我衷心感激他！

看似一切順利，可是我等了半年才正式加入保險業。原因是我當時已結婚，除供養父母外亦需要償還物業按揭貸款，於是我太太極力反對我加入保險業。我花了不少時間説服她，直至我承諾太太在轉職後一定能賺取不少於現時的薪金，她才首肯。

1 Lifetime Achievement Awardee — Asia Trusted Life Agents & Advisers Award 2021.

大丈夫一言既出，駟馬難追。我加入保險業後，就向着我舊的薪金水平：一年 30 萬元的目標進發。但應從何入手呢？

◆ Eric 非常感激太太多年來的支持和鼓勵。

我在舊公司雖然接觸過不少投行客戶，可是舊公司已下命令，嚴禁我向舊公司客戶銷售保險，否則會採取法律行動，甚至不容許我回公司接觸舊同事，完全封殺了我的進路。至於我的大學同學也只是剛工作一至兩年，財力有限，難以騰出大量資金投保，若只靠 Warm Call 的話，30 萬元的收入目標似乎很遙遠。

鎖定中高端客源

於是，我很快下定決心，要用 Cold Call 開拓市場，尋找更多有實力的客源。最初我不管甚麼形式的 Cold Call 也做，包括問卷、洗舖、洗樓等。但我不會盲目地 Cold Call，反而鎖定中高端客源，這樣才可以儘快達到一年 30 萬佣金的目標。

我甚至連 Cold Call 地點也會經過細心挑選。例如，我會到杏花邨做問卷，因為那裏中產人士較多。記得我當時足足用了三個月時間駐守杏花邨，每天晚上八時開工，一直做到凌晨一時，幾乎所有街坊也認得我。洗樓則以大學教授、診所醫生、店舖老闆等為主要目標。

對新人而言，Cold Call 最難承受的就是不斷被拒絕的打擊，但因為我一開始就訂下了明確要達成的目標，所以很快就可以調節心態，最後順利達標，實現了對太太的承諾。而我由入行第二年至今，已完成超過 15 年 MDRT 的業績（Honor Roll），並於 2008 年金融海嘯時達到 COT 殊榮。當初極力反對我入行的太太除了給予我肯定外，其後更辭去本來的工作加入我建立的團隊，實行夫妻檔二人一起做理財顧問。

Cold Call 除了為我帶來收入及個人榮譽之外，最重要是能訓練自己的表達技巧，以及處理異議的竅門，社交圈子亦因而擴闊不小，這些都是終生受用的得着。

3.2 大學教授的保險視覺
——10 分鐘破冰法

不少保險同業都喜歡到大學做 Cold Call，他們多數以大學生做目標，在校內擺設攤位做問卷。我自己也喜歡去大學做 Cold Call，但不是找大學生，而是以教授及講師做目標，因為他們收入高，對保障和理財的需求大。另外，大學樓層四通八達，可以很輕鬆就到達教授房間拜訪。除非教授要授課，否則大多會留在房間內工作。

記得有一次我去某大學洗樓，經過一個教授房間，看到房門半掩，知道房內有人，於是敲門，房內隨即傳來一把低沉聲音：「進來。」我推門進去，房間面積比其他教授的大，再看看門牌，發現原來是主任教授，心裏暗暗慶幸有機會接觸到一位有實力及高端的準客戶。

◆ Eric 往大學 Cold Call 會以教授及講師為銷售目標。

給年輕人一個機會

教授抬頭一看，還以為我是校內學生，他示意我坐下，友善地問：「找我有甚麼事嗎？」這時我遞上名片，表明身份。教授臉色隨即一變，接過名片後皺一皺眉說：「我不需要保險。」並禮貌地請我離開。

正當教授準備關上門時，卻發現被東西卡着，那是我情急之下把腳放在門邊，我誠懇地請求教授給我一個機會：「只需 10 分鐘，讓我跟你說說保險的事，保證不會浪費你的時間。」教授在門後不斷重複說：「不用了！請縮開腳！」我不理會他，繼續請求：「我們是初出茅廬的年輕人，很需要別人給予機會。只需 10 分鐘的交流，希望你聽後能給予我一些反饋和改進的建議，沒有你的允許，我絕不會多留 1 分鐘。」

然而，我的腳繼續放在門邊，教授根本關不上門，他無奈之下說：「只給你 10 分鐘！」教授回到座位上，打開抽屜取出一疊由不同保險公司理財顧問留下的名片，放在枱上。他說：「這些都是畢業的同學，回來跟我談保險，他們說 2 小時也不肯離開，你說只需 10 分鐘？那我就給你 10 分鐘！看你有甚麼跟我分享。」說罷就把手錶放在枱上，作計時狀。

用問題引起對方注意和興趣

我知道機會只有一次，心情雖然緊張，但思路依然清晰。10 分鐘要令對方跟我投保，根本是不可能的，故我只能用最簡單的方法引起對方的注意及興趣。我記起平日培訓時，其中一個銷售技巧是 Selling Through Questioning，即通過提問讓對方思考保險的意義及自身的需求，而非直接硬銷。

在靈機一觸之下，我指着枱面上的名片說：「教授，我認為你其實要感激這些找過你的同業。你知道為甚麼嗎？」教授先是錯愕，然後滿臉疑惑地問：「為甚麼我要感激他們？」我未有直接回答，反問：「如果有一天，我們同業看到你，都不會主動開口向你推銷保險，你知道自己發生了甚麼事嗎？」

顯然我的問題發揮了作用，教授不知所以，並開始沉思。半晌，我接着說：「同業不向我們推銷保險，不外乎三個原因：第一，因為我們有病，或是已經傷殘，根本不能受保；第二，我們連開飯的錢也沒有；第三，他們認為我們是一個沒責任感的人，若自己發生問題，就讓家人承擔。所以今天你說這麼多同業向你推銷保險，最少代表你身體健康、四肢健全、生活富足，最重要是他們覺得你是有責任感的人，這不是應該感恩的嗎？」

◆ 只需 10 分鐘就可以打動教授簽單，視乎你的方法是否正確。

保險是一種概念，而不單指一張保單

教授未有任何回應，但面容不再繃緊，似乎對我有點認同，於是我繼續問：「教授，雖然你口口聲聲說不買保險，但其實我和你一出生就有保險了，你知道為甚麼嗎？」教授又露出不解的神情問：「我有保險？是指大學團體保險嗎？」

「不是，是我們一出生，光着身子時就已經有的保險，你知道是甚麼嗎？」教授又陷入沉思，神情比之前更認真，他有點不相信作為教授的自己，竟解答不到這個問題。我跟着說：「其實我們能夠出生，就代表我們都有父母，所以父母就是我們的保險，因為萬一我們生大病或有意外，都是由父母或家人承擔的。但萬一我們有事時，就能利用保單，以保險公司的資源支持我們，而不用把我們家人（包括太太及兒女）的幸福作賭注，那不是更好嗎？」

教授默不作聲，卻微微點頭，臉上的鋭氣明顯減少了。於是我繼續提出第三個問題：「假如今天我代表一家保險公司跟你安排投保，保費 1 萬元，有事只會賠償 1 萬元，你會不會買這張保單？」教授今次表現得很開心，因為他終於懂得作答，所以很快就說：「當然不買啦！」我接着回應：「但你現在就買了這樣的保單啊！」

教授聽後，起初表現得愕然，但很快就明白我的意思。我便說：「當我們發生了一些事，令自己在一段時間不能工作，可能是三個月、三年甚至更長的時間，就要動用自己的資源去支持自己。但假如今天有一種安排，你給我 1 萬元保費，萬一有需要時，可賠償 50 萬甚至 100 萬元給你，你會否想多了解一點？」

完美達成限時 10 分鐘的交流

經過三個提問後，剛好到 10 分鐘。我沒等教授叫停，已作 Closing 説：「10 分鐘已到，感謝你給我機會，今天説的只是一個保險概略，希望你可以給我一個機會下次向你分享一些詳細資料。今天是星期三，如果下星期一同樣時間，我帶齊資料來見你，可以嗎？」

看到了嗎？用問題去激發準客戶的思維，並一步一步引導準客戶去思考及了解我們的觀點，最後更可主動提出要約，與他訂出下次見面時間。雖然教授沒説出口，但我知道他已認同了我，認同了保險，所以當我提出下次見面時間，他很配合地看看記事簿，然後説：「可以！下星期見。」

轉眼到了下星期，我依約再去見教授，我在走廊尋找教授房間之際，教授剛巧路過，大聲呼叫：「這邊！」我回頭看到教授滿臉笑容向我揮手，態度友善，跟上次見面時截然不同。我隨他進入房間，按一貫方式介紹保險計劃及跟進，經過幾次傾談後，教授最終跟我簽了一張保額不低的人壽保單。

被拒保，更見可受保的珍貴

簽單過程本來十分順利，心想這次交易必定成功，豈料教授在做身體檢查時，驗血結果發現血壓、三酸甘油脂及血糖都過高，保險公司拒絕了其申請。我固然失落，但教授比我更失落，因為他從不知道自己身體狀況原來已變得這麼差，後悔沒有早點投保。但他仍感激我，因為這件事令他及早發現自己的身體問題，並可馬上找醫生跟進，今後更注重健康生活。他更用自己的親身經歷，向其他人講述保險的重要性。

雖然教授未能成為我的客戶，但他卻轉介了不少親友及其他教授跟我投保。所以做 Cold Call，別太着重一時間的得失，只要持續跟進，必有所成。

COLD CALL 貼士

1. 態度要不亢不卑

大學教授在學術界具有權威地位，所以向他們 Cold Call 時應抱着尊重的態度，但卻不能過份自貶，皆因我們是代表保險界的專業，在談及保險話題時，一定要有滿滿的自信，將保險信息帶給對方。

2. 適時請求給予機會

教授都有作育英才之心，與他們對話時，可多點讓他們發表意見，在他們拒絕你時，請求他們給予機會。很多教授聽到這句説話，都會樂意讓你説下去。

3. 善用提問引起注意力及提起興趣

提出一些關乎他們的切身問題，是很有效的銷售技巧。這不但可提起對方的興趣，更可讓他們思考箇中意義，逐步把他們的觀點拉向自己一方。這比直接反駁對方觀點更具效力。

3.3 一句說話 引起海味店老闆注意

除了洗大學，我也很喜歡洗商舖，因為商舖每天都要開門做生意，老闆亦經常在店內打點。我尤其喜歡到海味店 Cold Call，原因是海味屬貴價貨品，進內光顧的客戶都屬於較富裕人士，老闆亦相對較有財力，能簽到大單的機會較高。最重要是，通常很多海味店老闆都會親自落舖打點，能直接對話的機會較高。

上環海味街是香港海味店的集中地，可逐一進內碰碰運氣，如一家的老闆不在即可馬上去下一家，不用走多個地點，省時方便；再加上經常到訪，很多老闆、職員，甚至客戶也認得我，營造了一種街坊鄰里的親切感。因此這裏成為我洗舖的重要戰線。

某年夏天，我又到海味街洗舖，當時氣溫高達攝氏 34 度，汗流浹背，西裝內的恤衫也濕透了。我看到其中一家海味店內，一名中年男子坐在近門口位置看報紙，其他職員則忙於執貨。經驗告訴我，這個人一定是老闆。於是我步入店內，一來乘機涼冷氣休息，二來可順便做 Cold Call 。

甫進店內，我向門口那名男士說：「老闆，不好意思，街上很熱，可否借個地方休息一會，我坐在一邊可以了，不會打擾你們工作。」那男子看一看我，冷冷地說：「坐那邊吧，不要阻着做生意。」然後繼續看報紙。

該名男子未有否認自己是老闆，再加上那種吩咐式的語氣，更肯定我的猜測沒錯。我坐了一會，渴了大半瓶水，一邊等自己身體降溫，一邊盤算着：老闆就坐在我面前，要如何開口引起他的注意呢？

◆ 香港上環海味街是 Eric 最喜歡洗街舖的地點之一。

錢用了才屬於你

我望望店內的參茸海味，靈機一觸，便隨口說：「老闆，店內雖然放了很多鮑參翅肚、燕窩，但這些都不是你的吧？」老闆聽後自然不爽，因為這些都是他用真金白銀入貨的，隨即反擊說：「你神經病嗎？這些不是我的，難道是你的嗎？」

我煞有介事地再重複一次：「這些東西真的不是你的，我這樣說是有原因的。」老闆很不耐煩的反問：「你想說甚麼呀？」我接着說：「這些海味放在這裏只供擺賣，並不是你的，你要吃下肚後，才是真正屬於你的。就等於我們的財富，要用了才是屬於我們的，那些未用的最後也只能成為遺產，現在只是代人保管着，用過的錢才是我們的資產。試想想，你自己都不敢隨便亂花你自己的積蓄，因為要留給家人，或日後作不時之需，換句話說這筆資金只是由你代為保管，只是紙上富貴。」

老闆正消化着我剛才說的話時，我乘機遞上名片說：「其實有個方法，可以將你的積蓄變為你自己的，想用就用。不如我用 5 分鐘解釋給你聽，只是 5 分鐘，聽聽我的觀點是否正確？」老闆看到名片，知道我是保險理財顧問，隨即說：「原來賣保險，不用了，走吧！」但我仍然堅持：「不用花太多時間，5 分鐘我就走了，因為我也要去見下一個客。OK？」

錢袋理論 —— 即時雙倍身家

其實我之後沒有約見客人，但一般人聽到只花 5 分鐘時間，都不太介意讓你說下去，加上我早前的說話已經引起老闆的興趣，所以他願意繼續聽。於是我拿出了紙和筆，畫了以下的圖：

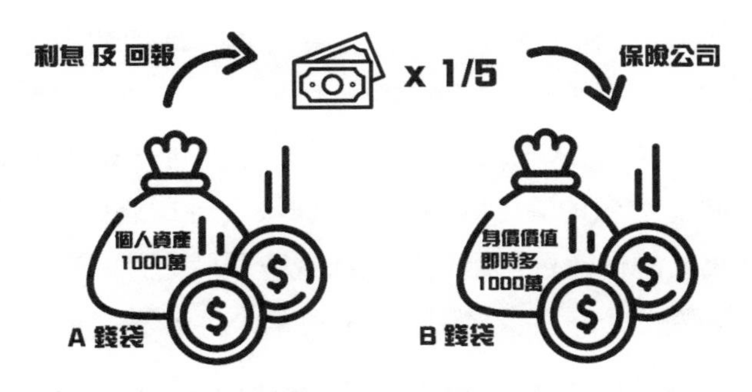

◆ 與服務逾 20 年的客戶 —— 海昌號第三代掌舵人麥先生合影。

我一邊畫一邊解釋：「左邊的 A 錢袋是你的資產，例如你有 1,000 萬元，你會用這 1,000 萬元來投資，會有利息或回報。如果你在這筆回報中，每年只拿取五分之一的資金出來，存入這個保險公司的 B 錢袋，你即時多了 1,000 萬元，即是將你的身家翻倍！」

老闆瞪大雙眼，驚訝地說：「甚麼？即時雙倍身家？」

我說：「沒錯，是即時。你只需每年拿取回報的五分之一，維持 10 至 15 年，在 A 錢包的 1,000 萬元就可以解凍，這是你辛苦儲下來的血汗錢，你可以盡情地、毫無顧忌地使用，做你想做的事，因為你知道保險公司 B 錢袋中，已有 1,000 萬元的保額可留給你的家人或作不時之需。就像你這些魚翅燕窩，不單可賣給別人，還可拿來自己享用。」

上述錢袋話術是由我的直屬 Leader Dr. Raymond Wong 傳授的，專門用來向有錢人講解保險概念。老闆聽後也覺得很有趣，想我再解釋多一點，但我說：「不好意思，今天時間有限，不如我約你下星期，多準備些資料給你參考，好不好到時由你自己決定。OK？」

我依約下星期再找海味店老闆，做一個正式的計劃講解，最後老闆願意參與高額的儲蓄人壽及危疾計劃。其後，我不時去探訪老闆，老闆對我的信任度增加之後，更讓我替他全面規劃理財，並投資了一些理財及投資連繫壽險產品。

這個 Cold Call 個案的關鍵，在於一開口就要引起對方注意，然後以對方的價值觀出發，灌輸正確的保險概念。當他們接受你的觀點，並願意聽你進一步介紹計劃時，Closing 自然水到渠成。

COLD CALL 貼士

1. 就地取材 引對方注意

一開口就說保險，十之八九都會被拒絕。可先說一些其他話題，引起對方注意。話題可以就地取材，例如，遇上海味店老闆便說海味，跟汽車店老闆說汽車，但這個話題最終必須與保險有關。如果過份風花雪月，將話題帶得太遠，只會更難入正題。

2. 父母客多強調傳承

很多父母都着重傳承，他們想為子女鋪路，為他們留一筆資金。年輕父母大多會為剛出生的子女買教育基金，上一輩則多數會累積一大筆錢，然後安排留給後人。用保單以釋放現有手頭資金價值這個觀點，可以打動不少年長一輩。

3. 用繪圖加深印象

在講述保險概念時，配上繪圖，不但更容易讓人明白概念，亦容易令人留下深刻印象。在離開時將繪圖直接送給對方，他更會容易想起和明白你的說話。

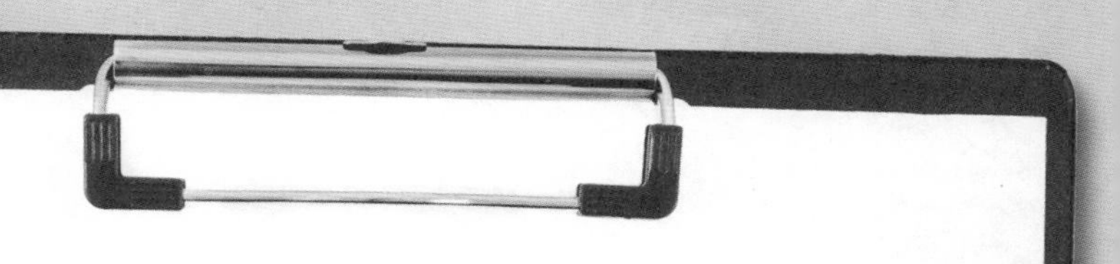

4. 解釋要簡而精

香港人沒太多耐性，尤其對於講述保險概念，往往都想轉身即時離開。可以跟對方說，只用 5 分鐘至 10 分鐘時間去解釋概念，他們大多不會抗拒。

5. 人性的不確定性是看不到的風險

人性會因不同的人生階段而改變，例如老闆平時十分節儉，到退休時或會突然變得想奢華享受，這就是人性的不確定性。而保險可以保證在這種不確定性出現時，仍可跟隨客戶原本的意願安排。

第 2 部分

街站、路演攻略篇

第 4 章

街頭拍板女王
陳慧英
Susanna

擁有 27 年豐富保險理財經驗，連續 25 年每年簽發多於 100 個新個案，其中 6 年更超過 200 個，最高達到 270 個。曾奪三次 DSA 及十次 DAA，更連續 18 年獲得 MDRT 的國際行業殊榮，當中包括 2 年 TOT 及 5 年 COT 資格。此外，她亦獲委任為 MDRT 會員溝通委員會（MCC）港澳區委員，多次獲邀代表香港於 MDRT 年會會議中演講，為承傳與培育新一代作出重大貢獻。2019 年代表香港地區勇奪「亞洲信譽壽險業顧問獎」之「年度最具啟發領袖大獎」，為香港保險業界爭光。

聯絡 Susanna

4.1 密密簽單 抱簡單信念成多產 TOT

我是一個會認真對待每件事的人，凡事都會做到最好。我至今曾做過四份工，託賴成績都不差，但最喜歡還是理財顧問，一做便是 27 年了。

我小時候，爸爸因為工業意外去世，遺下媽媽及我們三兄妹相依為命。我想早點賺錢養家，減輕媽媽的擔子，所以求學時便到工廠當暑期工。由於我工作勤奮，很快便獲得升職，後期更索性停學專心工作，扶搖直上，並晉身至管理 400 人的廠長職位。

其後工廠因為過度擴充而倒閉，我很快被挖角到一家小型工廠幫手管理。雖然那是一人之下的職位，但工作量極大，大小事務都要兼顧，我形容自己是一個「大打雜」，整天忙得不可開交。當時我心想：難道我的人生就要如此渡過嗎？

後來，我與一位朋友合資開花店，在旺角商場專門替人製作新娘花球，生意很好，訂單接到不停手，收入着實不差。可惜工作時間太長，一年 365 天之中，除了每年的農曆新年放三天假之外，其餘都是在花店渡過，完全沒有私人時間。

遇上伯樂 改變人生

數年後，當我考慮結束花店時，我的伯樂出現了。他本是一位插花師傅，後來轉職保險專業。他跟我詳談了很多人生哲理，又解釋了保險業的工作性質，令我反思了很多。

回想我過去三份工作，都是為別人打工，無論我多努力，回報總是有限。就算做花店時，自己算是半個老闆，但因為收入中大部分用來交租，某程度上是為業主打工。最重要是，我失去了寶貴的社交時間。那時我只有 20 歲出頭，難道就終日躲在花店？如果我有家庭怎麼辦？

雖然那個年代很多人都不信任保險，就連我媽媽也大力反對我入行，但我自己卻相信保險。或許是我爸爸遇到工業意外的緣故吧，那時已有想法，如果爸爸早已買了保險，我和媽媽的人生或許會完全不同。所以我剛踏入 18 歲，還在工廠工作時，已主動向人查詢哪裏可以買保險。因為假如我有甚麼意外，媽媽的生活也有保障。

由於我深信保險可以幫人，而我又可以藉此發展自己的事業，時間更有彈性，心想：何不嘗試入行。只要我一如過去幾份工一樣努力，一定會成功的。就憑着這個信念，我於 1994 年 7 月加入了保險業，成為一名理財顧問。

我平時人緣不差，所以 Warm Call 其實做得不錯，第一張單是由我哥哥介紹的朋友簽下的，其後也有不少朋友願意簽單，所以首兩個月我都拿到公司的獎項。

抱學習態度做 Cold Call

既然如此，為甚麼我又要做 Cold Call？有一天，我在公司看到師兄、師姐打算到街上做街頭問卷，當時我出於好奇，想知道這是甚麼一回事，於是就請求師兄、師姐帶我一起去，竟然讓我很快簽到第一張 Cold Call 單。所以，我對 Cold Call 從不抗拒，因為既可認識新朋友，又可以做到生意，是相當有趣的事。

此後，我就經常帶着一塊問卷板及 Cold Call 所需資料，一有時間就可隨時在街上 Cold Call。此外，我也做電話、洗樓及商場店舖等不同形式的 Cold Call，一來想了解多點，二來他日建立團隊後，可有資格教導新人。

記得入行時，上司跟我說，要做一個成功的理財顧問，每天必須最少見 3 位客人，每年最少簽 100 張單，以及要儘快儲夠 200 位客人。我為人相當簡單，腦裏就記着 3、100 及 200 這幾個數字。當某天我見客不足 3 位時，我就會主動走上街頭，用 Cold Call 直至找到第三位客人為止。當然也會有運氣不好、客人不足的時候，那我就在第二天，找到第四、第五甚至第六位客人，誓要儲夠數目為止。

◆ Susanna 於香港保險業聯會（HKFI）的頒獎禮獲得獎項。

憑着這份堅持，我做到每年簽 100 張單的目標，試過最高峰一年曾簽 270 多張單，幾乎隔天便有一張單。由於我的客源以基層為主，每張單的保費總額不算大，但密密簽之下，我仍可取得 18 年的 MDRT 榮譽，當中 5 年是 COT、2 年是 TOT。

除了業績之外，我還積極推動保單捐贈，曾幫忙聯絡不同保險公司、公益或慈善機構做推廣，鼓勵保險客戶將人壽保單中 1% 或以上的保額捐給慈善機構，而單單是我個人推動的保單捐贈，也超過 800 份。我希望藉此幫助更多人，讓他們可受惠於保險。

「樹的方向由風決定，人的方向由自己決定。」

「你會看到我成功，你會看到我失敗，但你永遠不會看到我放棄！」

以上兩句話是我的座右銘，不單可應用在保險事業，在人生亦然。願大家共勉之！

◆ Susanna 在普及保單捐贈方面不遺餘力。

4.2 別忽視基層客戶
——街頭問卷成功要訣

在一眾 Cold Call 形式中，我最常用的是街頭問卷，貪其機動性高，可以隨時隨地做。而且我們多數選擇人流多的地方，在大數法則下，總會遇到一些願意停下腳步的人幫你做問卷，成功機率亦會較高。

我們做問卷通常會以團隊形式進行，相約四至六位同事一起，一來大家可以互相鼓勵，二來有需要支援時，也可立即伸出援手。我也經常會在袋中預備了一塊問卷板、宣傳單張、建議書範本以及計劃收費表等，一旦遇上客戶臨時取消約會，我也可在街上做 Cold Call ，填補空檔。

我一般會到三個地點進行問卷調查：第一是尖沙咀天星碼頭，因為就近公司，有地利；第二是銅鑼灣柏寧酒店附近，那裏能遇上資產值較高的客戶；第三是旺角火車站，那裏基層人士較多。

因我自幼喪父，早年要打工幫補家計，所以我自己會較重視基層家庭的保障。雖然他們購買的保單金額可能不高，但他們思想不太複雜，只要能向他們灌輸正確的理財概念，掃除他們對保險的錯誤印象，他們在財務許可下一般都願意投保，最重要還是可幫助他們完善保障。而我第一位 Cold Call 客人 E，也是一位基層人士。

用問卷了解對方背景

那次我跟師兄、師姐在天星碼頭做 Cold Call ，E 剛巧路過，被我遇上了。師兄、師姐教導，做問卷的站位十分重要，最好是站在 Cold Call 對象之前，所以我迎面走向 E，問道：「先生，請問有沒有時間做一份問卷？」本來 E 想繞過離開，但我隨即移步擋在他身前，他不好意思再避，只好停下來。「只是幾條問題，不會阻你太多時間。」我依着問卷提問，E 也很合作地逐一回答。

2000 年當政府推行強積金後，街頭問卷多數會用強積金作話題，問對方用哪一家強積金受託人公司、知不知自己買了甚麼基金、基金表現如何、有沒有需要整合強積金戶口等。由於大部分香港人都有供強積金，故成功機率十分大。但我遇上 E 時，強積金還未實施，所以問卷內容主要圍繞保險，包括：有沒有買過保險、每月家庭開支多少，以及對生老病死的看法等。

E 大約花了三分鐘便做完問卷。從中我已知道他沒有買過保險，本身也不太了解保險，他的職業是廚師，年約 40 歲，在附近餐廳工作，現在剛巧下午「落場」休息。

我知道他並不趕時間，於是繼續與他閒聊，談談他的工作，以及他的家庭情況，然後伺機跟他說：「其實保險很重要，既然你正在休息，不趕回去工作，不如我們找個地方坐下詳談吧！」

E 最初都是推搪，連番説沒有需要買保險。我通常這樣回應：「聽一聽沒壞，我以前都是過來人，就是知道保險有用才加入這一行。你聽完不買也無妨，我當多交一個朋友。」

用工作、生活話題帶出保險需要

E 最後答應留下來，我們就在碼頭附近找個位置坐下，開始講解保險的概念。無意間，我發現他的手背有一道疤痕，問他是否工作時弄傷，E 說：「是的，之前不少心被滾油燙傷，現在這道疤痕不退了。」

我說：「一定很痛。做廚房真的很辛苦，又熱、又容易發生意外。」

E 說：「我們都習慣了，廚師有哪個不受傷？除了燙傷，也經常被刀割到流血。」

我說：「好彩這是小意外，皮外傷。但誰能保證不會發生嚴重意外？就像廚房地面經常濕滑，如果不慎滑倒，後果可大可小。」

E 也認同我的觀點，於是我再順勢分享我父親遇到工業意外身亡，但因為沒有買保險，令我自小要工作養家的故事。已婚的 E 也育有小朋友，他聽完我的故事，在感同身受之下，覺得確實有需要為家人設想。

Cold Call 的其中一個難處，就是要在閒話家常之中，自然地提到保險的作用，而非一味硬銷。所以最好用對方工作、生活相關的事切入話題。像我看到 E 手上的疤痕，就問他是否曾經發生意外。

如果對方是一名侍應，你可以說：「你要長期站着，會否經常腰酸背痛？手部會否因托餐盤而扭傷？」如對方是司機，就可以和他談談駕駛時的驚險情況、有沒有遇過交通意外等。用客戶的親身經歷帶出保險的需要，然後再分享個人經驗，如此才能快速打動他們，令他們接受保險。

信任我的專業

我與 E 詳談一番後，他已有興趣投保，但他卻擔心保費太貴，自己人工不高，家庭開支又重，怕負擔不起。

於是我馬上打開手袋，拿出一個建議書範本，向他逐一解釋各種保險的保障範圍，又取出收費表，讓 E 初步了解價錢。原來每月繳交低至數百元的保費，已可以有人壽、住院、意外等全面保障，並不如 E 想像中那麼昂貴。不過 E 的職業是廚師，屬較高風險職業類別，所以保費相對較高，但也只是每月約 1,000 元，仍屬可負擔水平。最後 E 答應投保。

不經不覺談了近一小時，E 需要返回餐廳工作。我隨即取了他的聯絡電話，並相約他一星期後在這裏再見面。

第二次見面是正式簽單的日子，簽完文件後，E 隨即拿出一大疊現金，這是他的全年保費，有萬多元，這個金額在 20 多年前相當大。E 在大街大巷、眾目睽睽之下把錢遞給我，連我也有點慌亂，深怕丟失或被風吹走。

很多人覺得 Cold Call 成功率低，不想去做，但我認為肯做 Cold Call，最少有 50% 成功機會，如果不做，連 1% 機會也沒有。所以 E 這個個案，對我來說意義十分大。因為他是我第一個成功 Cold Call 的客戶，過程順利之外，他亦十分信任我的專業。對我這個入行只有兩個月的新人來說，是一支相當重要的強心針，他令我知道 Cold Call 是可行的，對於日後開拓新客源更有莫大幫助。

◆ Susanna 希望每個基層家庭都能得到生活保障，她的理念令其事業蒸蒸日上。圖為她在 2019 年奪得第四屆「亞洲信譽壽險業顧問獎」，成功衝出亞洲奪取亞太區獎項。

COLD CALL 貼士

1. 做街頭問卷時，最好站在被訪者之前，對方停下的機會較高。如果站在被訪者旁邊，對方很多時會繼續前行，便會出現邊走邊追趕的情況，做到問卷的機會較低。

2. 做問卷時，可以用朋友聊天模式進行，每問一個問題，可以引伸其他話題，儘量了解客戶背景，切忌像審問犯人般提問。

3. 如果對方不趕時間，可以即場找個地方繼續閒聊。如果趕時間，則可索取對方聯絡電話，日後再跟進。最好將對方電話號碼輸入自己手機內，然後即場撥通一次，一來可驗證號碼真偽，二來對方亦會有你的電話號碼，對你的信任度便會增加。

4. 跟 Cold Call 客人交流時，應用對方關心的話題作為切入點，例如工作，藉此引起對方的興趣。亦可以主動分享自己的故事，讓對方多了解你，會令他們容易放下戒心。

4.3 與銷售高手過招 用誠意及專業打動對方

做 Cold Call 需面對不同階層的人，當中有默默耕耘的基層人士、有教育水平較高的專業人士，亦有轉數甚高的老闆級人馬。無論對方是甚麼身份，切記千萬別怯場，我們必須抱持一個信念：在理財、保險這個範疇，我們才是最專業的，所以對自己提出的意見要有無比信心。

話說某天我在旺角火車站做街頭問卷，其中一位 30 來歲的男士 F，是一家電子產品公司的銷售經理。由於他也是銷售出身，為人很健談，做問卷時聊了很久，氣氛很愉快。但當我想進一步向他講解保險時，他卻禮貌地推搪說：「其實我已經買了，而且我的顧問也跟得很好，不需要再買。」

索取電話 日後跟進

這是最常聽到的拒絕回應，我也見慣不怪，微笑說：「不要緊呀，我們也可做朋友，可否留下電話，將來有空再聯絡你？」可能 F 都是從事銷售行業，也不介意將電話號碼給我。

保險 Cold Call 就是如此，如對方有興趣買保險，當然要打鐵趁熱，但若然對方抗拒，便不能硬銷。不過，只要拿到對方的聯絡電話，日後便可慢慢建立關係，再用誠意打動對方。

由於 Cold Call 每天需要見大量的人，會拿到很多不同的聯絡，為了工作更有效率，我通常會在完成問卷後，馬上將對方的背景資料、對話內容以及留下的印象一一記錄下來，然後在右上角打一個分數。如果認為可以繼續跟進的，就給予較高分數，如果對方屬於不瞅不睬、表現冷漠、對保險全無興趣的人，便給予較低分數。我日後便可重點跟進高分的對象，省回不少時間。

10 分當中我給了 F 8 分，屬於重點跟進個案。我一般會在第二、三天後再打電話給受訪者，嘗試約他出來見面。千萬別相隔太久，因為對方很容易記不起你是誰，如此便前功盡廢。

「你好呀，我是 Susanna ，上次在旺角火車站跟你做問卷，記得嗎？其實沒有甚麼特別事，只想約你出來飲杯咖啡，我們認識了就是朋友，不一定要說保險的，不知你下星期有沒有空？」

以退為進　慢慢灌輸保險概念

最初 F 也不願意出來。我一星期後再打給他，直至第四次，他終於答應出來。最初當然閒話家常，但保險是相當生活化的話題，一個健康資訊，或是一宗交通意外新聞，都可以很快牽扯到這個話題上。

F 一聽到保險，很機警地說：「我上次已說過有顧問跟我的單了。」

我說：「其實作為一個消費者，多聽一家公司的計劃也無妨，可以比較一下你買的計劃，又可以知道多一點保險資訊。你聽了又不一定要買，我不會強逼你的。」

在以退為進下，最後 F 也願意聽我介紹理財計劃，不過他仍堅持現有保障已足夠，未有即時再買。

約兩星期後，我再相約 F 見面，今次向他介紹了另一個不同的計劃，但他還是不為所動。於是我轉個方法，從一般保險入手。「你公司都需要購買勞保吧？有沒有機會幫你們公司報價？」或許我的誠意打動了他，他願意幫我這個忙。由於 F 在公司屬於管理階層，有一定話事權，所以我最後也順利地做到這家公司的勞保生意。雖然這並非個人保單，但總算與 F 有保險上的聯繫，日後再談其他個人理財計劃便會更容易。

◆ Susanna 視客戶為朋友，用生活化方式灌輸保險概念，不會硬銷保險。

對保險專業要有自信

之後，我也定期相約 F 見面，我們慢慢變成無所不談的好朋友。雖然每次見面都不會硬銷保險，但卻間中滲入保險概念。例如，我會問他，你如果跌倒受傷，看跌打可賠多少錢？住院賠償最多賠多少天？住院現金每天有多少錢？通常問十個朋友，九個都不懂得回答，因為大部分人都不會理會自己的保單條款。又例如，我問他人壽保額多少，連 F 自己都不知道。一般人經常覺得有買保險便可，卻從無考慮保額是否足夠。

此時，我提出幫 F 檢視保單，發現他的保障原來嚴重不足。我即場計算他需要的人壽保障額，由於他已婚、有家庭、又有物業按揭，最少需要 150 萬元人壽保額，但原來他只買了 30 萬元，尚欠 120 萬元。

F 知道後，也認同自己的保障不足，最後亦同意加單，但礙於家庭負擔大，他只答應加到 100 萬元人壽保額。不過，我日後也不時提醒他：「你的人壽保額還欠 50 萬元。」由於這個訊息已灌輸到 F 的腦海，所以有天他加了人工，也主動找我加大保額，其後他又購買了投連保單投資基金，還介紹家人向我投保。直至現在，我倆認識超過 20 年，仍會經常聯絡。

F 的個案有兩個成功關鍵：第一是我花了很長時間去建立朋友關係，令他相信我是從心出發去幫助他；第二是要對自己的保險專業有信心，令對方相信自己提出的建議，能確實幫他們完善保障。那怕對方是醫生或是律師，但一說到保險，你才是專家。這份自信必不可少。

COLD CALL 貼士

1. 每次做完問卷，應做一些標記，以及寫下對方的背景資料，方便自己聯絡之餘，日後再見客戶時，你能說出有關對方的事，他們會對你留下深刻印象。
2. 當客戶不想再說保險話題時，應採取以退為進的策略，「聽完如果不合適，可以不買。」「我們不一定說保險，可以聊聊其他話題。」這些說話可以緩和氣氛，令會面得以繼續進行。
3. 用健康資訊或時事新聞等日常話題帶出保險訊息，對方會較容易接受。
4. 當說到保險話題時，必須對自己所說的理財建議有信心，因為你才是保險專家。

第5章

MPF 專家
卓君風
Vernon

自 1991 年起加入保險行業，現為區域總監。曾擔任 2019 年及 2020 年香港人壽保險經理協會會長、2019 年亞太壽險大會製作總監。多次榮獲多項業界資格及殊榮，包括：百萬圓桌會終身會員（MDRT Life Member）、國際龍獎（IDA）、國際優質服務獎（IQA）、傑出人壽保險經理獎（DMA）、國際人壽保險經理協會（GAMA）最高管理成就獎（MAA）、管理發展獎（FLA）及管理卓越獎（IMA）。他的座右銘為：「手懶的，要受貧窮。手勤的，卻要富足。」（箴十 4）他憑着努力、毅力、真誠待人及信守承諾的態度，獲得客戶的信任。在個人及團隊方面均有出類拔萃的表現。

聯絡 Vernon

5.1 Cold Call 擴闊生活圈子 大單自然來

執筆寫這篇文章時，計算一下，原來自己在保險業已經工作了 30 個年頭。回想加入保險業之前，我是一家食品公司的營業員，需要到餐廳或酒店推銷不同的食材，也算是一種 Cold Call。

當時我十分勤力，論個人業績，我的生意額是整個團隊中最高的，可是公司實行公佣制，我的收入並沒有因為我的努力而特別高，但我仍選擇默默為團隊耕耘。

兩年後，即 1991 年初，當時我的月入已達到 16,000 元，對一個 20 歲的年輕人來説，是相當不錯的水平。當年公司還晉升我，可是因為我的年資及學歷不及其他同事，惹來部分同事微言。

「他進來公司只是兩年，又只是一個 20 歲小子，何德何能可以升職？」這些説話真的很刺耳。我當時年少氣盛，只想找一家公平佣金制度的公司，於是萌生辭職念頭。

我無意中想起約一年前，我曾幫朋友買保險，我到他公司取保單時，他的上司也在場，還即場向我介紹保險業，並問我有沒有興趣入行。我當時興趣不大，所以婉拒了。但那刻我回想起那位上司的説話，覺得保險收入無上限，多勞便可多得，相當吸引。再看我的朋友當時收入也不錯，於是便在 1991 年 5 月加入了保險業，正式展開理財顧問之路。

偷師自己摸索 Cold Call 技巧

剛開始時我也是由 Warm Call 做起，依着上司的指示，一天見四個客，又背誦了所有銷售話術，但月入卻只有數千元，比我入行前還少。不過，我看到其他前輩做得比我好，心想：「他們都做得到，我應該都可以，只是我不知道方法罷了。」

於是我觀察前輩的做事方式。原來他們在沒有客源時會做 Cold Call。但我當時又不懂如何做 Cold Call，於是便與其他同事一起，大家湊到時間，拿起黃頁逐個電話去打。我們又會到街頭做問卷、去工廠及商店洗樓、洗舖，逐漸摸索出一套自創的 Cold Call 方法。

很多新人怕做 Cold Call，就是因為怕被拒絕。我卻沒有這個煩惱，可能因為我在入行前已有從事推銷的經驗，本身不怕接觸陌生人，加上我對被拒絕也不怎麼介懷 —— 因為別人拒絕你背後有很多原因，可能是產品不符合他們需要，又或是剛好手緊，暫時沒多餘錢買保險，甚至那一刻心情不佳。所以大部分被拒絕的因素，其實都與自己無關，那何苦要因為別人拒絕你而影響工作呢？

只要大家能衝破這個心理關口便行。這個 Cold Call 不成功，便馬上找下一個。你要抱着一個信念：「你願意走出去，一定有客人欣賞你。」可能我很早便洞悉這個 Cold Call 關鍵，因此很快做到成績。

如是者，我採用 Warm Call 及 Cold Call 混合的工作模式，平時以 Warm Call 為主，當沒生意時便轉做 Cold Call。這竟成為我的事業轉捩點，我的客源不但增加了，而且從 Cold Call 可以認識到一些中小企老闆，這是我從前無法接觸的圈子，因此所簽的保單總額也比以前大。

記得當時 Warm Call 多數只簽月供 2,000 至 3,000 元的保單，即年供大約只有萬多兩萬元，但來自 Cold Call 的保單，最大額的一張可以收取年逾 100 萬元的保費。首次簽大單那種興奮，我至今仍難以忘懷。

◆ Vernon 與他的團隊。

強積金是最入門的 Cold Call 敲門磚

Cold Call 令我的收入提升，我很快便賺回轉行前的人工。其後，我開始建立自己的團隊，Cold Call 量大幅減少，但也會指導同事採用 Cold Call 方法去開拓生意。

2000 年，政府開始推行強積金時，我們團隊便主攻強積金 Cold Call，用整合強積金戶口作為敲門磚，然後做個人壽險的交叉銷售，效果竟出乎意料的好。現時我的團隊已有 140 人，每年團隊的佣金數字可達到 3,000 萬元，這個業績媲美一個 200 多人的團隊。在個人方面，過去 30 年來，我奪得 14 次 MDRT，也是公司三屆的百萬圓桌會會長，亦有幸獲選為公司的財務策劃會會長。

在我來說，世上只有兩種市場：Warm Call 及 Cold Call 市場，但 Warm Call 市場的客源有限，要成功在理財顧問行業站穩陣腳，必須學懂 Cold Call。當大家掌握到 Cold Call 的竅門，便會發現世界其實很大，生意可以源源不絕。

5.2 失而復得的保單
——用強積金了解客戶背景

以前，很多理財顧問都不會為客戶整合強積金戶口，一來強積金實施初期，市民沒有太多戶口，整合需求不高；二來戶口總供款亦不多，收到的佣金太少，隨時要蝕車費。不過，其實強積金是塊很好的 Cold Call 敲門磚，因為你可以從整合過程中，得知客戶的一些背景資料，例如：家住哪裏？做甚麼工作？人工多少？只要好好善用這些資料，再做個人壽險的交叉營銷，對業績會有很大的幫助。

我經常會率領團隊到鬧市街頭做強積金問卷 Cold Call。放置一個易拉架，每人手持一塊問卷板，逢路人經過便開口查詢，這是最簡單及經濟的 Cold Call 方法。而成效也相當理想，每次出動最少會有十張八張問卷可作後期跟進。

問卷內容必須精簡

我們的問卷只有五個問題，分別是：

1. 現時用哪家強積金管理公司？
2. 10 年內有沒有轉工？
3. 有沒有定期看週年報表？
4. 代理人有沒有定期替你檢視戶口？
5. 有沒有需要做免費整合？

最後留低客人的姓名及電話。

這份問卷有兩個重點：第一，內容與客人切身相關，因為大部分人都有強積金戶口，但多數人都沒有理會其投資表現，所以有人替他們免費檢視及整合強積金戶口，很多人都會樂意接受；第二，就是簡短，只有五個問題，客人見不用花太多時間，也不會太抗拒。

記得在 2012 年某天，我如常帶領團隊在銅鑼灣街頭做問卷，當時我客串向新同事示範做 Cold Call，誰知一擊即中。

那位 40 多歲的女士 G，當時正在商場外等人，我便乘機上前跟她做問卷。G 也爽快地回應。原來她曾轉工，但不太清楚自己有多少個強積金戶口，也不知戶口內有多少供款，我說：「妳可以填一張表格，授權我去強積金管理局索取妳的強積金個人戶口資料，如此就一清二楚了。」

G 說：「要把電話及個人資料給你嗎？好像不太方便。」

做問卷最大的難度，在於最後索取個人資料的一步，尤其是千禧年之後，關注私隱問題的人數上升，令索取資料的難度大增。不過，其實是有方法拆解的。

索取電話號碼技巧

我說：「我猜妳不願留下電話號碼，是因為不想收到推銷電話，或是擔心個人私隱泄露給第三者。不如這樣吧，這是我的名片，上面有我的保監號碼，妳可以上保監網頁核實我的身份。名片上也有我的電話號碼，日後妳的戶口由我跟進，妳只會收到由我打出來的電話，公司不會有其他人向妳推銷。如此妳放心吧？」

G 聽了我的說話，又看一看我的名片，放下了心頭大石，願意提供個人資料，授權我到積金局查核。我返回公司後，馬上替她處理強積金戶口整合事宜，大約一個月後完成。那時我才知道，原來 G 的家境不錯，居於高尚住宅區，其戶口總供款大約有 40 萬元，證明她的人工頗高，應該是一名優質客戶。

當完成整合客戶的強積金戶口後，我通常都會提供售後服務，約見他們並教他們使用公司的強積金平台，例如：如何調動現有的基金資產，以及更改未來投資指示等，又會列出公司過去三至五年表現較好的基金給客戶參考。

我借機再相約 G 見面。當我完成使用平台的示範後，順道問她：「妳覺得強積金對妳退休後的幫助有多大？」

G 說：「算是有一筆額外儲蓄，到時應該有 100 萬吧！可以幫補一下退休開支。」

我說：「但強積金投資是非保證的，如果在妳退休之年遇上升市，妳提取強積金當然開心，因為會有賺。不過，若然碰上跌市，需要賤賣強積金資產，那風險就很高。」

G 說：「我可以選擇不提取，等大市回升。」

我說：「但妳退休後沒有收入，不提取強積金，妳又如何支付必需的退休開支呢？妳有沒有其他退休儲蓄計劃？」

G 說：「沒有啊！」

我說：「其實我們公司有一些年金計劃，是保證成份很高的儲蓄產品。妳用保證收入去支付妳必需的退休開支，總比靠強積金這些非保證的投資來得安全。妳有沒有 5 分鐘時間，聽聽我講解年金計劃？」

用售後服務作交叉銷售

G 想想也覺得有道理，同意聽我介紹年金計劃，但當我介紹完後，問她有沒有興趣，她說要考慮一下。

我說：「請問妳最大的顧慮是甚麼？」

G 說：「其實我剛在醫院做完一個小手術，花了接近 10 萬元，財務上不太容許多買一份儲蓄計劃。」

我好奇問：「妳沒有醫療保險嗎？」

G 說：「之前有的，也是跟你們公司買。但早前因為想省錢，沒有交保費，斷了保單後才發現身體要切除良性腫瘤。早知便不斷保單了。」

我說：「是嗎？妳之前有買我們公司的保單嗎？我幫妳檢查妳的戶口。」

由於從我們公司的客戶網上系統，不單可看到客戶的強積金戶口，也可一併看到客戶其他壽險產品，我在 G 旁邊引導她找壽險計劃資料，一看之下，發現她的保單仍然生效，並未斷單。

原來她買的醫療保單是附於一個有現金價值的人壽計劃之下，她雖然沒有交保費，但卻沒有正式向保險公司提出書面退保申請，保險公司便自動用保單內的現金價值來支付保費。而 G 又因為曾搬家，一直收不到保險公司的信件，加上跟進 G 這張保單的顧問又已離職，所以 G 才不知道保單的最新狀況。

我得知 G 的情況後，嘗試向公司解釋，再替她申請醫療賠償。最後公司酌情處理，賠償了 9 萬多元醫療費。G 失而復得，十分感激我的幫忙，更肯定了保險的作用，對我更加信任了。她最後願意多買一份年金計劃，也介紹了她丈夫，以及為兩名兒子買保單，四張保單合共收了 30 萬元年供保費。

從這個個案，我想指出只要用心做好強積金客戶服務，藉此了解客戶的需要，並為他們解決疑難，在取得他們信任後，再簽其他個人保單便會事半功倍，得心應手。

COLD CALL 貼士

1. 在街頭做問卷，最好挑選銅鑼灣、旺角等鬧市地區，而且要在吃飯或下班等人流較多的時間。
2. 第一印象是最重要的，故 Cold Call 時必須向對方報以微笑，然後順着問卷的問題逐一提問。最好是一口氣完成問卷，別讓對方胡思亂想。
3. 必須向對方索取電話號碼以便跟進。沒有取得電話不能視為成功完成問卷。
4. 為客戶整合了強積金後，必須提供售後服務。你可以說是由公司及團隊安排的，會面期間可向客戶示範如何使用網上平台功能，儘量避免被拒絕。
5. 強積金與退休保障息息相關。當整合了客戶的戶口後，可順道打開退休話題，發掘新的推銷機會。

5.3 人不可以貌相 —— 路邊散客竟是老闆

俗語有云：人不可以貌相，在 Cold Call 時更加不能以貌取人。其實，很多衣著普通的人，可能本身是專業人士或老闆級人馬。

記得在 2010 年，我率領團隊在街頭做強積金問卷，看到一位男士在街角等人。他身穿普通 T 衪、牛仔褲，皮膚黝黑，驟眼一看以為是裝修工人。我見他等候了良久，於是上前問他可否做問卷，他爽快答應了。

H 先生之前曾轉過工，擁有兩個強積金個人賬戶，而他亦有意整合戶口。見他不趕時間，於是繼續跟他聊天。他問了很多有關投資的問題：問我覺得當時的投資氣氛如何、應該投資在哪個板塊，又問選擇哪隻基金好、每隻基金收費如何、轉換是否要收費等。

那一刻我腦裏突然浮現一個念頭：「這個人是同業嗎？是否想引導我説出一些違規的説話，捉我痛腳呢？」

畢竟做 Cold Call 面對的都是陌生人，你不知道對方的背景，所以為了保護自己，一定要做好本份。例如，有關整合強積金，因為涉及投資建議，作為理財顧問只能介紹自己公司的特色，以及基金的特點；最多也只能分析大市走勢，絕不可給予投資建議，更不能代客戶挑選基金，所以我列出公司過去三至五年表現最好的基金，由他自己衡量基金表現。

解開沒供款之謎

之後，我再問他：「你現在所屬公司用的是哪一家強積金公司？你在比較之下，便知哪一家好。」

H說：「我供款的那家公司很差，不但基金表現差，過去幾年虧蝕，還經常說我遲交供款，罰我錢，但我明明已經供款了。」

我說：「你要供款？你不是打工的嗎？」

H說：「我自己開公司的。」

H遞上他的名片給我，那刻我才知他是中小企老闆，確認了他並非是同業「套料」。他的公司雖然不大，但也有25名員工。如果我能做到他的Cold Call，除了他之外，他的員工也是我的潛在客戶，所以必須好好把握機會。

我說：「你剛才說遲交錢被罰款，為何你不致電強積金公司查詢？」

H說：「打過了，但熱線長期沒人聽，真的是打到火滾！」

我說：「這就是我們公司的優勢，我可以專門跟進你的戶口。不如我找天到你的公司，替你看看出了甚麼問題吧。」

H是一個不想麻煩的人，有人幫他處理這個供款問題，當然無任歡迎。可是他也是大忙人，我多次約他，他都因工作繁忙不在辦公室，只好不斷改期。他有次更提議：「不如你直接與我的下屬處理，我不在也沒問題吧？」

聽到這一句，千萬別答應！因為強積金實在是交叉銷售個人保險的敲門磚，如果只跟他們下屬溝通，與H的接觸機會便會減少了，這樣亦難以進一步提升他對你的信任度。所以，我寧願遷就H的時間，等他在辦公室時才到訪。誰知如此一拖已是半年。

我向H的會計人員初步了解過，大致發現了兩個問題：第一，會計人員在計算新人入職的強積金供款時出錯。雖然僱員有 60 天免供款，但僱主仍需供款，他們就是沒有計算這筆僱主供款。另外，強積金必須在每月 10 日或之前供款，而 H 的公司過去原來已有五次遲供款紀錄，結果衍生了罰款。我大致上估算到，H 所說「明明已交足錢，但又有欠款」，所指的欠款應該就是罰款。

為了確認我的猜測，我就在 H 旁邊替他致電強積金受託人的客戶熱線，接通熱線確實需時很久。期間 H 繼續工作，直至電話接通後，我才請他本人跟受託人確認，最終發現我的猜測正確。

藉強積金銷售基金計劃

H 知道發生甚麼事後，解決了一件麻煩事，心情輕鬆了許多。他趕忙吩咐會計人員補交所欠罰款，在過程中，H 相當滿意我的辦事能力，決定將整個強積金公司戶口轉到我旗下，由我跟進。

由於之前在街頭 Cold Call 時，已知道 H 對投資基金相當感興趣，所以完成轉換強積金公司戶口後，我順道問他：「之前做問卷時，你提過有興趣買基金，其實我們公司也有一些基金計劃，種類選擇很多，又可以隨意轉換，不收手續費。反而在銀行買單一基金，每次都要支付認購費，用保險計劃來買基金較靈活……」

H 確實是個熱愛投資的人，他在了解我們計劃下的基金表現後感到相當滿意，並簽下了一個投資相連壽險計劃。想不到我當初隨便找一個中年男子聊天，卻可以做到一個強積金公司戶口及一張投資相連保單。

Cold Call 就是如此神奇！當你還未接觸客戶前，你會幻想他是一個怎樣的人，但當你真正與他溝通後，卻會發現對方的背景及故事，可以跟你想像中完全不同，而故事的發展也讓你難以預料，有時更驚喜萬分。抱着這份對人的好奇心去做 Cold Call，相信大家會更投入，成績會更好。

COLD CALL 貼士

1. 在街頭 Cold Call 不用揀客，因為大家不會知道對方的背景及態度。在大數法則下，問的人愈多，能做到生意的機率就愈高。

2. 為了保護自己，做 Cold Call 時必須跟足保監的程序，由介紹自己，到了解對方、做財務分析、最後介紹計劃，也不能馬虎了事。這對新人來説是很好的推銷訓練。

3. 如客戶有任何難題，可以主動幫忙找出解決方法，而且要儘量讓對方知道。當他們看到你的表現及能力，對你的信任度便會提升。

4. 強積金涉及基金投資，如發現客戶對投資非常感興趣，可介紹公司的投資相連計劃。但要留意千萬別給予投資指示，以免違規。

第6章

大學生伯樂
曾繼鴻
Henry

從事保險工作近 25 年，現為某大保險公司資深區域總監，擅於發掘大學生潛能，多年屢獲殊榮，當中包括 HKMA 傑出推銷員獎、百萬圓桌會員 MDRT、5 年百萬圓桌會超級會員 COT、3 年百萬圓桌會頂尖會員 TOT，2020 年更成為百萬圓桌終身會員；更獲國際龍獎金龍獎、連續 6 年香港人壽保險經理協會最高管理成就獎，以及被《香港經濟日報》和《iMoney》選為 2019 保險風雲人物等。

聯絡 Henry

6.1 用 Cold Call 克服家人及朋友反對

我於 1997 年加入保險業，不經不覺已經 24 個年頭。這是我的第一份工，亦是唯一一份，期間從未轉工，只因我早年曾向客戶許下承諾：「我會服務你一世，你願意成為我的客戶嗎？」

當時初出茅廬的我，為何敢説出如此重大的承諾？只因我入行時遭到家人及朋友大力反對。但我經過深思熟慮後，仍然堅持入行，就是因為我看好這個行業的前景，對保險行業充滿信心。

記得在我讀書的年代，入行做理財顧問相當容易，只需中學畢業便可，又沒有考牌制度。可是大眾經常帶着有色眼鏡去看保險，也看不起理財顧問，覺得只有讀書不成的人才會去做。

我哥哥是香港大學畢業生，第一份工就在一家大型保險公司做精算師，兩年後卻突然轉做前線保險銷售。我爸爸當然大力反對，可是哥哥一意孤行。當時正在讀大學二年級的我，已好奇為何哥哥會有這個決定。但我未有再深究這個問題。

◆ 畢業於中文大學統計學系的 Henry。

哥哥棄精算轉賣保險的謎思

再過一年，我快將畢業。有一天哥哥突然問我：「你畢業後有何打算？不如一起做保險？」到哥哥提出這個問題後，我才認真去了解保險這個行業，我發現並非如坊間所說的差，也有很多年資長的理財顧問擁有大學學位。而我參加過哥哥任職的公司舉辦的舞會，感覺很有活力。這已解開了我第一個謎思：原來保險並非讀不成書的人才會去做。

最重要的是，我開始理解哥哥轉工的動力，因為當理財顧問有三個 Growth（增長 / 成長），包括 Income Growth（收入增長）、Promotion Growth（職級增長）及 Personal Growth（個人成長），三者都是相當吸引的東西。尤其哥哥只做了短短一年前線銷售已獲得升職，收入還比從前高。我實在看不到任何壞處，於是就答應了哥哥的邀請，加入理財顧問行業。

當然，最大的難關是爸爸。我知道很難說服他同意我做保險，於是我說了一個善意的謊言。因為我畢業於中文大學統計學系，所以便跟爸爸說：「我在保險公司做精算，但會兼職保險銷售。」當時我順利過關。雖然一年後謊言被拆穿，但因為之後我的成績做得不錯，並已經升職，故最後爸爸也沒有反對，繼續讓我做下去。

別讓他人影響自己決定

別看我的仕途順風順水，其實在最初約四個月培訓時期，我也曾嘗試接觸過舊同學做 Warm Call，但想不到他們的反應全部是「不是吧？為何會做保險？你這樣做會沒有朋友的。」連我最要好的朋友也如此說。

最難忘在一個飯局中，所有舊同學在說自己的職業時，我說自己做保險，全場鴉雀無聲，那一刻我難堪極了，甚至曾懷疑過自己是否真的選錯路。但回家後細想，為甚麼要因為別人無知的想法，而影響了自己的決定？

從那一刻起，我決定完全放棄 Warm Call 市場，全力做 Cold Call。我在開始時甚麼 Cold Call 形式也做，包括電話訪問、街頭問卷、洗樓等。慢慢我發現自己最喜歡而且最有把握就是做大學生市場，於是便主攻洗大學，在大學內做問卷。

放眼未來 與大學生一起成長

當時公司內很多同事都質疑我的決定，因為覺得大學生沒錢，又太年輕，未必懂得為自己作長遠規劃，要做 Cold Call 不如做老闆級的大生意。

但我的想法是，自己都是剛大學畢業不久，較了解年輕人的想法，和他們有共同語言，也可與他們一起成長。另一方面，我在銷售保險計劃之餘，也可同時物色有意加入保險業的年輕人，一起闖一番事業，可謂一舉兩得。

事實上，由我做 Cold Call 開始，首三年半便有 200 多位大學生客戶，雖然保費金額不算高，每張單只是數百元，但勝在量多，每月平均可簽到六張單。而且，我的客人也會成長，我有些大學生客人後來成了大老闆、法官等，其中一位之後更跟我投資了一個達 10 萬元的理財計劃。另外，又有一位客戶加入了我的團隊，現已成為總監。她的團隊一年曾為我帶來約 7,000 萬元的生意額。

◆ Henry 和他的團隊合照。

所以，做大學生市場時，眼光應該放遠一點，別只着眼於目前。憑着 Cold Call 市場，目前我的團隊已有 400 人，當中近八成是大學生，其中一隊更是專做 Cold Call 的。而我的往績亦為新入行的顧問提供了一個很好的示範：就算沒有人脈，只要肯做 Cold Call ，一樣可以成功！

6.2 大學生問卷調查
—— 播下種子總有收成

在眾多 Cold Call 的形式中，我特別喜歡做大學生的 Cold Call，可能自己都是年輕人，與大學生溝通較為容易，所以我每星期總會有三、四天到大學做 Cold Call。記得 2000 年初，包括剛升格為大學的嶺南大學，香港一共有七所大學，我會輪流前往找生意。

我採用了問卷形式做 Cold Call，以保險公司市場研究為由，在校園內訪問學生。「你好！我代表 XX 公司做問卷調查，請問是否介意花 1 分鐘回答幾個問題。不會阻你太多時間。」

由於問題不多，只有五個左右，學生見所花時間有限，一般都願意做問卷。問卷內容主要圍繞買保險的目的、對哪類保險計劃最有興趣、能負擔的保費水平等。但這些都不是重點，因為我的最終目的是要取得對方的聯絡電話。「你是否介意留下聯絡電話？如果日後有相關產品推出，可以聯絡你。」

跟進每一個聯絡電話

做問卷其實沒有甚麼特別技巧，最重要是態度誠懇。如果客戶拒絕留下電話便一笑置之，再找下一個。但只要他們肯留下電話，每一個都是跟進機會。

大約一星期後，我再次打電話跟進。這天我打給了一位港大學生 J。電話接通了。

我說：「你好，我是 Henry。上星期在港大曾與你做問卷調查，不知你有沒有印象？」

J 說：「記得，有甚麼事？」

我說：「上次提過關於大學生的保險計劃，雖然你在問卷上填了『沒有興趣』，不過因為下星期三我會再到你學校那邊，約了其他有興趣的同學講解，想問一問你有沒有興趣，我可以順便拿一些資料給你看。」

J 說：「不用了！無謂花你時間。」

我說：「不花時間，15 分鐘就可以了。我可以約你轉堂時在大學餐廳見見面，你有興趣的話當然可以繼續把資料介紹給你。如你沒有興趣，也可以談談大學生畢業後找工作的方法，就當交一個朋友。你下星期三甚麼時間方便呢？」

J 遲疑一會後說：「我那天下午三時有空。」

我說：「那我就約定你在餐廳見面。」

在電話對話中，我不會講任何有關保險的事，只會約見面時間。見面地點及時間一定要以方便對方為大前提。

轉眼已到星期三，我依約與 J 見面。他的態度明顯不及做問卷時友善，一坐下來便說：「我真的只有 15 分鐘，有甚麼事快說。」

每次跟客人講解保險，我必定會跟從三個步驟：第一步是閒話家常，與對方破冰；第二步是用故事講解保險概念，當他們認同保險是人生不可或缺的東西後，就可到第三步：介紹適合他們的計劃。由於 J 一早已道明時間不多，所以我只好省下破冰一步，直接跳到保險概念部分。

推雪球的故事

我拿出紙筆，一邊解說，一邊畫出以下的圖畫。

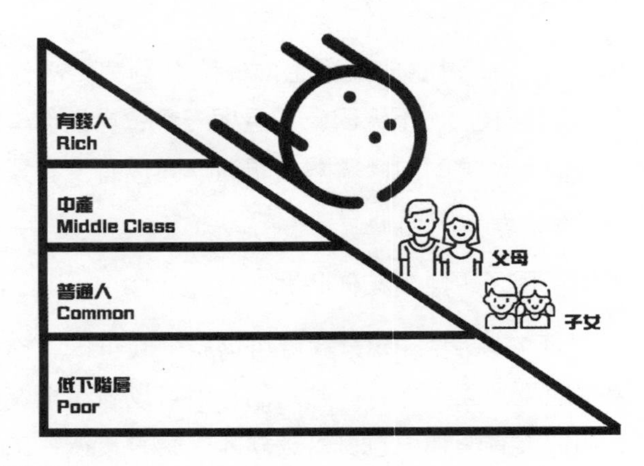

◆ 推雪球圖 1

我說：「社會就像一個金字塔，分成四個階層，最頂端是有錢人，第二是中產，第三是一般人，而大多數是處於最底的低下階層。請問你和你的家人，現在處於哪一個位置？」

大部分都會說自己在第三層，J 也一樣，指着這個階梯。我繼續說：「大家每天辛苦工作，都是想向中產、有錢人階梯進發，就像你們一家人推着一個雪球向上走，你愈勤力，就愈快達成目標。但在甚麼情況之下，你們再推不上雪球，甚至會向後倒退，跌落下一階層？」

J 說：「其中一個人病了。」

我說：「沒錯，少了一分力，其他三個人自然會更辛苦。但你有沒有想過，假如病的是你，你會站在這個圖的甚麼位置？」

J 說：「站在一邊看吧。」

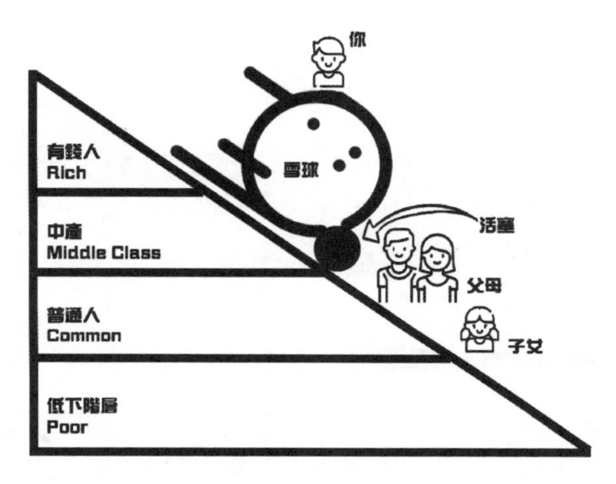

◆ 推雪球圖 2

我說：「錯了，你不是站在一邊，而是站在雪球的頂部，因為家人要花錢及時間來照顧你，你成為了家人的負擔。你只能望着家人推雪球，但你甚麼也做不到。」

J 若有所思，沒說甚麼。我繼續說：「你會否站到雪球上，是上天的安排，沒有人能控制到，但你可以做的，就是在雪球底下加一個塞，阻止它倒退，而這個塞就是保險。」

對於每個 Cold Call 的大學生，我都會跟他們說推雪球的故事，很多人都會被感動而購買保險。我用上述套路，簽單率不低。早期我在每十個跟進問卷中，有一個會跟我買保險。後來待人接物技巧更純熟，簽單率更升至每五個有一張。

不過，J 是我接觸的人中，較為固執的一個，他堅持自己生病的機會十分低，沒有買保險的需要，又提出不少反保險理論。當 15 分鐘一到，他便立即起身離開。我之後的一個月也曾數次打電話給 J，嘗試再約他出來講解保險，但都被他拒絕了。

我感到J的言辭愈來愈不客氣，本來打算放棄跟進，但豈料J有一天突然反過來約我出來見面。

雖然與第一次會面只相隔約兩個月，但J明顯謙虛很多，甫坐下來便說：「不好意思，之前我的態度不太好，但現在我確實有買保險的需要。」

家人患病 意識保險需要

原來J的媽媽腦內生了一個腫瘤，需要入醫院做手術，而手術費不便宜，當時的處境令他想起了推雪球的故事。他媽媽只有50多歲便患上大病，他和爸爸要輪流到醫院照顧媽媽，而父親因此工作時間減少，收入亦告下跌。他恐怕自己有一天也會為家人造成負擔，於是決心購買醫療保險。

不過，J因為母親早年患病，他投保時需要做身體檢查，誰知原來他也跟媽媽一樣，腦內被驗出生了一個小腫瘤，雖然健康暫時沒有大礙，但保險公司卻拒絕他投保。J最後無奈地轉買儲蓄保險，為自己的醫療開支作準備。

他跟我說，如果他在跟我第一次見面、媽媽還未出事時便買了保險，相信現在就不用為醫療費用躊躇了。雖然他買不到想要的保險，但他也用自己的親身經歷告知朋友保險的重要性，最後更介紹了四至五位客人給我。

J的故事令我深深覺得，保險是一份有意義的工作，不是單純為了錢。雖然不是所有大學生都會跟我買保險，但最少我在他們心中已植下了保險的種子，當有一天時機成熟，就會發芽生長。

COLD CALL 貼士

1. Cold Call 的問卷要精簡，不應太長，重點是要對方留下聯絡電話。
2. 必須跟進每個電話，就算對方説暫時不需要買保險，也要找其他機會再約見面時間，因為暫時不需要不代表永遠不需要。除非對方明確表示不要再打電話找他，或是刻意提供一個假電話號碼，才不用再跟進。
3. 約對方見面時間可以採用兩個技巧，包括假設同意及雙重約束。例如，「下星期三或四你哪個時間有空？」這句説話大前提是假設對方同意出來。而雙重約束就是給你星期三或四的選擇，以收窄範圍，令成功率增加。
4. 見面地點應儘量以方便對方為主，例如學生就定在他們放學會經過的地方；再加上「只花 15 分鐘時間講解」一句。由於時間短，一般也不會被抗拒。
5. 運用故事講述保險概念，對方會更容易明白，印象更深刻。

6.3 客戶變總監 帶來年逾 7,000 萬生意額

俗語有云：莫欺少年窮。正在讀書或剛畢業的大學生，雖然人工不高，但他們可是將來的社會棟樑，未來收入必定隨着經驗及地位提升而水漲船高。此外，大學生的創意及管理能力也很高，如果團隊要招聘人手，大學校園便是物色千里馬的最佳地方。

我做大學生 Cold Call，除了發掘保險生意之外，同時也會做招聘。我旗下有兩名總監都是由 Cold Call 認識的，他們團隊一年的生意額分別達到 7,000 萬及 1 億元，其中一位更是我的保險客戶，她的名字叫 Zen。

話説我在香港浸會大學做 Cold Call 時，成功為一位修讀中文系的大學生客戶簽單。而我每次簽單後，都會請對方介紹客戶給我。這名大學生便把他的學系名錄給我，上面列出了所有同系同學的聯絡方法。

我按着名錄上的電話號碼逐個致電，邀約他們出來談保險。其中一位女學生就是 Zen。她剛大學畢業，在一家漫畫發行公司從事市場推廣。我約了她在筲箕灣一家餐廳見面，豈料當天 Zen 開口第一句便説：「不好意思，我突然有急事，下次再約吧！」

善用乘車的時間

那刻我並沒有發怒，反而認為這位女孩子十分負責任，最少她會現身跟我説一聲，不用我白等。我靈機一觸便問她：「妳去哪裏？」

「我乘港鐵去青衣。」Zen 回答。

「我也是，不如一起去吧。」其實我之後沒有約會，只想找個藉口與 Zen 在一起。由筲箕灣去青衣，乘港鐵少說也要 45 分鐘車程，這段時間足夠我說一遍保險概念。

一輪閒話家常之後，我問她：「好奇一問，妳家住幾樓？」

Zen 說：「22 樓。」

我說：「很高啊！那妳回家一般是乘電梯還是走樓梯？」

Zen 說：「當然是乘電梯啦。」

我說：「那妳有沒有試過走樓梯回家？」

Zen 說：「託賴，從未試過。」

我說：「既然妳從未走過樓梯，假設妳要買樓，發現這幢大廈沒有後樓梯，妳會不會買？」

Zen 說：「當然不會，發生火災時怎麼辦？」

我說：「其實保險就像後樓梯一樣，雖然妳平時極少用到，但一定要有，因為妳預料不到何時會有意外或生大病，正如妳不知大廈何時會發生火災。」

用生活化的話題，一步一步帶客人去思考保險需要，是最容易成功的。Zen 也同意我的說話，所以在接下來的車程，我開始更深入向她介紹理財計劃，並查詢她的供款預算，方便我回去準備計劃書。

見面七次才成功簽單

一切看似順利，而我也以為第二次見面便可成功簽單，誰知介紹完計劃書後，Zen 說：「第二家公司都有類似產品，我想多花點時間詳細比較一下。不如下次見面再簽吧。」

像 Zen 這種回應最難應付，因為她不是完全拒絕你，只是想要多點時間，我答應了她的要求，心想下次再簽便行。誰知類似事件不斷發生，每次 Zen 總能找到新的問題，或是其他保險公司的計劃比較，我與她來來回回見面六次，也未能成功簽單。

到第七次見面時，Zen 還在比較計劃。我心想：「這樣下去不是辦法，無論如何今天都要簽單。」於是我語重心長地説：「Zen，妳是一個認真的人，搜集了很多資料，作了很多比較，無非是想找一個好的計劃。其實除了計劃外，還有一樣很重要的東西，就是為妳服務的顧問。妳見了我這麼多次，也看得出我很有耐性及誠意去服務妳。我願意服務妳一世，與妳一起成長，妳會否給我這個機會？」

感性永遠是銷售的最高層次，「我願意服務妳一世，妳會否給我這個機會？」是一句很有説服力的説話。當然，大前提是你要先與客戶建立互信關係，讓他們相信你的承諾絕不是空頭支票。

果然，Zen 聽到這句説話後，最終也答應投保。那是一張月供 400 元的保單，雖然保費金額不高，但我仍然信守與客戶一起成長的承諾，閒時也繼續相約 Zen 吃飯聊天。

逾十萬元的糧單

日子久了，大家熟絡後，我發現 Zen 是一個很適合從事保險的人才，因為她做事認真、一絲不苟，外表也討好，更重要是她很有上進心。我不時在談話中分享我的工作狀況，希望引起她的興趣，後來更直接問她：「有沒有興趣入行做保險？」我更把月入 10 多萬元的糧單展示給她看，這個數字在 2001 年是相當吸引的。

Zen 看到後瞪大了眼，發現原來從事保險竟可以有這麼高的收入。但她未有即時答應。因為要促成一個人轉工，除了有拉力（Pull Factor）外，還要有推力（Push Factor），才能令她離開現職。我一直在等待她，就在大約兩年後，機會出現了。

那時 Zen 的公司加了數百元人工給她，她其實月入已逾 2 萬元，在那個年代不算低，但她一想到我那張逾 10 萬元的糧單，相較之下便覺得人工加得十分慢，開始萌生辭職轉做保險的念頭。當我發現她的「離心」後，便把握機會對她說：「妳想起我怎樣認識妳嗎？都是靠 Cold Call 的，我的外表像林敏驄（按：一位其貌不揚的男藝人）一樣，都可以做到 Cold Call，妳的條件比我更好，一定會很成功的！」

◆ Henry 與 Zen 合照。

最後 Zen 也被我的説話打動，加入了我的團隊。她最初也是做 Cold Call 起家，經過約 20 年的奮鬥，現已成為總監。她的團隊曾一年為我帶來約 7,000 萬元的生意額，而其中一個約 40 至 50 人的團隊，更是專做 Cold Call 的。

所以，大家做 Cold Call 時，別只看眼前的成果，應放眼將來，並發掘每個客戶的可能性，因為跟客戶一起成長才是最重要的。

COLD CALL 貼士

1. 當客戶爽約時，應馬上約下一次見面，或是找機會與他們一起乘車，或在他們住所或公司附近見面，別輕言放棄。

2. 感性銷售屬於最高層次。初期加入生活化的話題先引起客戶興趣，之後就要用誠懇的態度，讓客戶相信你是一個盡責、可靠的顧問。「你願意讓我服務你一世嗎？」是一件很有效的「簽單武器」。

3. 為每個客戶簽單後，應開口請客人介紹其他客戶，以積極開拓客戶網絡。

4. Cold Call 時除了着重保險生意外，也可同時做招聘。如發覺客戶有潛質從事保險，可在適當時機開口邀請他們加入團隊。

第 7 章

第一女強人
林桂芝
Karine

事事追求完美，做到最好。入行首年以破公司歷屆新人保費紀錄的姿態奪得 TOT 資格，業績更是亞太區之冠。之後連續 14 年獲得 MDRT、COT、TOT 等殊榮。此外，又榮獲多個國際及本地獎項及名譽，包括：全港時尚專業女性（2012）、亞洲保險第一領袖（2017）、亞洲傑出女領袖（2018）、《旭茉 JESSICA》Women of Excellence 大獎（2019）、亞洲最具感召力第一領袖大獎（2021）及亞洲數碼科技應用領袖前五名（2021）。現為某大保險公司區域總監，並為獨立天使投資人暨壹集團創辦人，專注財務策劃。她深信資產管理及保障能改變命運，並透過各種投資及理財工具幫助客戶建立被動收入系統。她同時熱愛公益，努力回饋社會，保持「讓愛成就他人，以正念影響世界」的願景，向大眾宣揚生活的美好。

聯絡 Karine

7.1 Cold Call 系統化 團隊式運作效果更佳

有兩份工在大家眼前：一份是月薪 18,000 元、簡稱 MT 的管理培訓生，另一份是月薪 9,000 元的總裁助理，相信大部分人都應該會選人工較高的 MT 吧？但我大學畢業後的第一份工作，卻偏偏選了薪金較低的總裁助理，原因是我想學怎樣做一個企業家。

那是一家於台灣地區上市的公司，總裁是公司第二把交椅。我直接跟他工作，可以讓我窺視到管理層的工作模式。反而 MT 的工作太瑣碎，要花很長時間才可以掌握整家公司的營運狀況。

我努力工作了大約半年後，公司升我職，而且加了我一成半人工。記得那時正值 2003 年沙士爆發期間，是香港經濟最低迷之時。我能如此快獲得到公司賞識，實屬難得，但這反而成了我辭職的導火線。因為我當時人工基數太低，就算加了一成半人工，也要花很長時間才可達到我理想的薪金水平。我必須尋找其他出路。

我再細心思索應該找甚麼工作，想起光纖之父高錕説過，一是做自己喜歡的事，一是做有價值的事。我的興趣是時裝美容，但我細心了解這一行業的晉升前景後，發現不太適合我，於是我便集中火力，想想甚麼是最有價值的工作。

理財顧問 經驗愈多愈有價值

有些職業很容易被新人取代，自己年紀愈大，被裁的危機也愈高。反而顧問類型的工作隨着年紀及經驗的累積，會變得愈來愈有價值，而在芸芸行業中，金融又是最賺錢的，何不嘗試做金融顧問？

◆ 在公司的傑出壽險從業員頒獎禮屢獲殊榮。

於是我花了兩年半，到各大銀行、金融中介及保險公司見工，我要清楚每一家公司的業務、架構、晉升前景以至分紅比例、後勤支援等細節。在認真比較後，我直到 2006 年 12 月才下定決心，加入我現在工作的保險公司擔任理財顧問。

由於我在入行前已清楚了解保險業，少了新人們的心魔，所以事業發展相當順利，入行 4 個月已經做到 MDRT，7 個月已做到 COT，11 個月已做到 TOT；首年業績更打破了公司歷屆新人紀錄，而這個紀錄保持了十年之久，直至 2016 年公司開拓內地市場業務才被人打破。

為朋友做 Cold Call

大家或會感到奇怪，我既然做得如此成功，為何還要做 Cold Call？原因有兩個：第一，我做 Cold Call 不是為了自己，而是為了朋友。因為我在入行第二個月，便邀請了一位從外國回流的好朋友一起做理財顧問，可是朋友做了首三個月 Warm Call 後，第四個月已開始擔心客源。他每天只坐在公司沒事幹。看到他的情況，我的心也不好過。我不想朋友後悔入行，於是想盡辦法幫助他，與他一起做 Cold Call，為他開拓市場。這似乎是當時的唯一出路。

第二個原因是，假如我日後要建立團隊，無可避免會遇到類似情況。如果我有做 Cold Call 的經驗，也有助領導新人。

於是我和朋友自動請纓，向上司提出要學做 Cold Call。上司安排我們跟其他人學習，先學打電話，我們就照着所學的話術去做，很快就有成果。第一張單是月供 3,000 元的基金戶口，我和朋友都為之振奮，大家都覺得原來 Cold Call 是可行的！

之後我也和團隊其他同事一起去洗工商廈。第一次兩個女孩子緊張得要在門口猜拳，勝出的一位去按門鈴和開口。我們又試過在後樓梯避開保安員，或在冬天穿得很漂亮到修車公司 Cold Call 時被員工捉弄，用水喉噴水弄濕。這些都是很好的磨練，練就我們的膽量，也讓我們學懂待人接物之道，對事業發展絕對有幫助。

Cold Call 做得好 Warm Call 不會差

事實上，我朋友靠着做 Cold Call，慢慢重拾了自信，很快已能獨當一面，到今天已是一位區域總監。我也因為朋友的成功，同時協助其他同事做 Cold Call。日子久了，我們的團隊慢慢地建立了一套 Cold Call 系統，當中除了為同

◆ 在演講中分享如何在 30 分鐘內成就 6,000 位 MDRT，創下最高時薪 4,188 萬元的價值，刷新行業每小時 Productivity 的新高度。

事提供適當的話術培訓外，也會定期到屋邨或商場開設臨時攤位，每次派一隊人到場做問卷。我們也會設計自己團隊的衣服、紀念品、銷售工具等。我們更租用地舖並投資裝修配套，以更全面地支援同事。

為了防止同事之間爭奪生意，我們訂立了一套規則。例如，凡有陌生客人進店查詢，必須先核查電腦系統，看看先前是否有其他同事接待過這位客人。這種做法令同事更放心、更無後顧之憂地去做 Cold Call。

目前我的團隊已有 170 人，每五個同事中就有一個達百萬年薪以上。他們當中有些做 Cold Call 相當出色。

我深信凡事都有可能，Cold Call 更印證了我這個信念。當一個素未謀面的陌生人也願意跟你簽單時，就證明你展現出了專業水平，取得了對方的信任。只要 Cold Call 做得好，並將這種專業精神投放在親朋好友身上，你的 Warm Call 成績也不會差到哪裏。只要大家夠堅持，要年賺百萬絕對不是夢，更重要是能在這個行業多元發展、長久站立得穩。

7.2 以柔制剛　巧妙應對屋苑高端客

屋苑是很多同業做 Cold Call 的主要戰場，有些同業會在屋苑外圍「打游擊」做問卷，有些則會上門拍門家訪，但這些做法都有機會被保安員驅趕。為了可令同事們安心做 Cold Call，我們團隊會選擇在屋苑租場地擺設攤位，用申請信用卡或整合強積金戶口作為敲門磚，藉此開拓生意。

我們團隊多數會在一些規模較大、入伙時間較長的屋苑擺設攤位，一來人流多，二來這些屋苑住客理財要求較簡單，相對容易應付。但間中我們也會在一些較為高尚的私人屋苑做 Cold Call。在這些屋苑較易遇上高端客，成交大額保單的機會較高。不過，主攻這些屋苑時必須同時具備專業理財知識，方可滿足客戶的理財需要。

記得有一次，我的團隊在一個私人屋苑會所外擺設攤位，我特意買了蛋撻前往探班。那時已是下午五時，同事們站了一整天已非常疲倦，紛紛坐下來休息、吃蛋撻。如此一來攤位便沒人站崗，我便拿起信用卡申請單張，客串一下充撐場面。

連環被拒　不輕言放棄

對於每個路過的住客，我都會問：「請問你有沒有申請這張信用卡？」

其中一位男士停了下來，在他的銀包取出一張信用卡，放在我面前説：「是否這一張？」

「原來你已申請了，那麼你有沒有需要整合強積金戶口？」

◆ Karine 團隊除了在商場及屋苑擺設攤位吸引客戶，也會擺放展覽攤位用作招聘。

「我在這家公司工作已經 30 多年，沒有需要整合強積金！」

「既然你工作這麼多年，是公司的中流砥柱，那你有沒有做好退休準備？」

「我看過有個調查，指退休需要 400 萬元，我想我有足夠資金了。」

很多人面對上述的回覆，大多會選擇放棄，寧願轉移目標尋找下一位 Cold Call 客戶。但我不是一個輕易放棄的人，加上我確實對人充滿好奇心，所以希望繼續深入了解，尤如初見新朋友一樣。我微笑說：「你是一個很有計劃的人，理財方面做得很完美，實屬少數案例。其實我常常不定期參加一些行業的理財比賽，先生你是否介意作為我的研究個案，從中分享你的理財心得，以及財務策劃安排？你的經驗可以成為其他人的借鏡，令更多人得益。」

「不好了，我為人很低調的！」該位男士面有難色，但卻未有轉身離開，即是機會仍在。於是我説：「放心，過程中絕對不會公開你的名字。如果你不介意，可以跟你交換電話嗎？」我誠懇的態度終於打動了該位男士 K，並取得了他的電話號碼。

艱巨的財務分析工程

過了大約一星期，我再致電 K：「K 先生，你好！我是林小姐，之前曾在屋苑會所邀請你做財務個案分析。我想約你去拿取你目前的財務資料，不知你甚麼時間方便？」

電話另一邊停了一下，然後説：「只有妳一個人嗎？妳有沒有男同事？」我心想：為甚麼指明要男同事？不會是推卻我的藉口吧？我好奇地問他原因，K 説：「我有很多資料，妳一個人搬不到的！」原來如此，我馬上放下心頭大石。

我依約到了 K 的屋苑大堂拿取資料，他搬出了兩個大生果箱，內裏全是很重的硬皮文件夾。幸好我找了兩位男同事幫手，否則單憑我一個人肯定不能將資料運回公司。K 的保單不但繁多，而且很雜亂，沒有進行分類，當中還夾雜了很多沒用的單張。我與秘書二人合力，足足花了 20 小時才能整理好這些資料，最後做了一份六頁長的保單概覽。

完成了這項巨大的整理工程後，我再約 K 見面。這次他的態度有些高傲，甫坐下來便説：「妳的功課做得如何？」

我遞上了我做的六頁報告給他，然後説：「做得很辛苦，這是花了近 20 小時做的功課。但我想說的是，我目前沒有任何理財建議可以給你。」

K 有點不客氣地說：「那妳今天想向我推銷甚麼產品？」

我說：「我沒有任何東西想要推銷。但我想問一問，這些保單當中，是否大部分都是『人情單』？」

K 瞪大雙眼，好奇地問：「為甚麼妳會如此說？」

我笑笑說：「因為我覺得你很好人，而這些保單看上去並非有計劃地買。雖然這裏有六頁紙，但我驚訝你竟然沒有醫療及危疾保障，大部分都是保費回贈計劃，加上幾個基金戶口。我恐怕你退休時未必可以如你所願，取回一大筆錢。就算有，我也怕你會花在退休後的醫療費用上，因為你在最需要醫療的時候，卻沒有做好全面保障。」

「不是吧？我應該有保障的！」K 仍在為自己辯護。

「那些大部分只是意外保障，一旦期滿保費回贈過後便失去保障。我估計是朋友的『人情單』，或是銀行職員順道推銷給你時購買的。」

詳細財務分析的重要性

「那妳想推銷甚麼計劃？」K 再問一次。

「我沒有東西想向你推銷，因為我未了解你。你目前每月支付的保費也要數萬元，一年數十萬元，我不知你身家有多豐厚、也不知你是否在意這數十萬元保費是不是用得其所。如果你根本不在意，這個會面其實已經完結；但如果你在意這數十萬元保費，我就有必要跟你認真討論一下，有需要和你重新做一次財務策劃安排。」

K 聽後對我另眼相看，語氣亦變得客氣，他說：「那現在應該做甚麼？」

這次輪到我認真地說：「我有必要跟你做一個詳細的財務分析，了解你現在的財務狀況，之後我才可以對症下藥。如果你是一個相當富有的人，其實你只需補回醫療及危疾保障便可；但如果你本身資產不多，還要供養一家大小，那就要認真計算你的退休所需。」

經過這番對話後，K 終於坦誠相對，如實地告訴我他的財務狀況。原來他有數千萬元資產，由於分析需時，我建議他先購買醫療及危疾保障，之後我就主力替他完善退休後的財務安排，包括購買一些年金計劃。單是這幾張保單，收到的佣金也高達 30 多萬元。

透過這個個案，我想告訴大家，做 Cold Call 時要抱着極大的好奇心去了解客戶，不要因為別人拒絕就輕易放棄，應透過不同的話題與對方互動，令 Cold 變成 Warm。令客人由 Say No 轉為 Say Yes，就是理財顧問最大的價值所在。

◆ Karine 與她的團隊會透過系統化的特別專業培訓、路演和 Cold Call，令同事在實戰前有充足的準備，達到事半功倍的效果。

COLD CALL 貼士

1. 與陌生人接觸時，必須有瞬間親和力，假如對方與你一直存在隔膜，任憑你如何專業，都沒有辦法展現出來。

2. 當取得對方的聯絡後，必須打電話跟進，並要找機會為客戶做財務分析。

3. 申請信用卡及整合強積金戶口都是很好的推銷敲門磚。一來，大部分人也有此需要，拒絕機會較低；二來，可以間接知道客戶的背景，例如職業及收入水平，方便日後進行財務分析。

4. 入伙期較長的屋邨的住客較喜歡親切感強的理財顧問，所以擺攤位應連續一段時間，增加曝光度，住客經常見到你，打開話題也較容易。相反，高端客因為工作忙，時間不多，面對他們應長話短說，有時甚至透過 WhatsApp 清楚交代更好。

7.3 商場闊太原來是企業高層大忙人耐性之考驗

很多人到商場都是抱着逛街消遣的心態，心情較輕鬆，這對做 Cold Call 有利，尤其是在大時大節的日子，成功率更高。記得有一年情人節，公司在一個大型商場設置攤位做問卷，同場還有其他團隊。期間，我和其中一位同事拍檔，我負責派汽球，同事則負責做問卷。

我專門向一些帶着小朋友的家長派汽球，因為小朋友是 Cold Call 的最佳助攻者，只要小朋友向你索取汽球，便能造就你與他們父母對話的機會。

其中有位年輕太太拖着可愛的女兒經過。我把汽球遞給她女兒時，太太有禮貌地說了一句：「多謝！」同事這時乘機問她：「妳好！請問是否介意做一個關於理財的問卷調查？只花大約 30 秒，不會佔用妳太多時間。」一般有教養的家長，在小朋友接過汽球之後，都不會太抗拒做問卷。我們很順利地完成問卷，並取得聯絡電話。

太太 L 是一家知名時裝品牌的高層，日理萬機。由於她工作極度繁忙，要約她並不容易。我的同事負責跟進 L 的個案，L 最初只推說沒時間見面，同事打電話給她也很少接聽，WhatsApp 的回覆也極度緩慢。後來我們主動再問她比較喜歡的聯絡方式，她就給了公司電郵地址，之後同事改用電郵溝通。可能她感受到我們的誠意，最終答應在她中環辦公室樓下的咖啡室見面。

無懼弟弟是銀行高層

由於同事 Cold Call 經驗淺，作為她上司的我便和她一起去見 L。我們早了 15 分鐘到達，可是到了約定時間，L 仍未見蹤影。我們呆等了接近半小時，L 終於出現了，她說：「剛才與一位客戶在講電話，遲了不好意思。」

「不要緊，工作重要些。上次妳在問卷提過對理財產品有興趣。我們都想問，妳本身對哪些產品有興趣？或是有沒有聽過甚麼理財計劃？」同事按照話術開口說。

「其實我的弟弟在 XX 銀行工作，有聽過他介紹保單融資，回報好像不錯，你們是否都在銷售類似計劃？」

同事用失望的眼神看一看我，因為正常人一聽到對方弟弟在銀行做高層，又曾介紹保單融資計劃，直覺上認為對方會找弟弟簽單，牌面上輸了一大半。

但「放棄」不是我的格言，我於是說：「妳有沒有帶妳弟弟的計劃書，或者我們可以比較一下，如果妳弟弟那一份回報較高，當然跟他買，但如果我們的計劃較好，沒理由跟荷包鬥氣吧？」

在外國長大的 L 性格特別爽快，一口答應會把計劃書交給我們。然後她接到電話，掛線後說：「我得回去工作了，之後再聯絡吧！」我們花了 45 分鐘等她，見面時間卻只有 15 分鐘，還好她答應把弟弟的計劃書給我們，總算有些進展。

客人遲到早退爽約　學懂從容面對

跟一個大忙人談理財計劃，是一件相當勞累的事。首先別奢忙她會經常回覆訊息。同事經過三、四次提醒後，L 才把計劃書電郵過來。可惜當中缺少了部分資料，我們要求補回，又再發送了幾次訊息給她。

好不容易齊集資料。我和同事研究後，發現透過我們的計劃做保單融資，回報更理想，歡天喜地準備通知 L，約她解釋計劃。我們同樣在她公司樓下的咖啡室見面，對方同樣遲到超過半小時，同樣聽了大約 20 分鐘後她接到電話，指公司有急事需要她回去處理。我們在沒辦法之下，唯有約她另一天再解釋。幸好第二次她圓滿聽完計劃內容，但在供款預算上作了些微調。於是我們又要回公司準備另一份計劃書，再約她出來簽署。

我們如常約 L 在咖啡室見面，對方遲到早退我們已習以為常，豈料今次呆等了接近一小時也未見身影。同事再發訊息提醒 L，對方馬上打電話來：「不好意思，原來我搞錯了時間，我今天要做健身，來不到了，下次再約吧！」

這刻同事有點氣餒，她問我：「其實 L 是否有心作弄我們？她是否根本不想買？」我唯有鼓勵她説：「如果她不想買，就不會見我們這麼多次，既然她未有完全拒絕我們，我們便不應放棄。」

◆ Karine 與團隊一條心，圖為她的團隊在萬宜水庫合照。

◆ Karine 的團隊透過實體店，增加夥伴的曝光率，廣建客源，同時建立同事的專業形象；借助股東融資共贏概念，讓夥伴可有一家體面的店舖接觸廣大市民、服侍鄰舍。

花逾半年時間　終簽得大單

不幸地，往後仍不斷出現類似的問題。由於我們知道L的弟弟是銀行高層，故不敢怠慢，必須依足所有步驟做銷售，一步也不能出錯。但礙於L能騰出的時間極少，以往一次可以做完的動作，要分開多次完成。計劃書經過多次修改，期間又不斷補交文件，我們全程更要用英文做銷售，準備工夫更多。

我們花了超過半年，出入中環咖啡室多次，也數不清見了多少次面，就連咖啡室的職員也認得我們。相信就是我們那份堅持與執着，同事最終成功簽到L這張保單融資，單是這張單的佣金已有20多萬元。也可能是L看到我們比其他理財顧問更有耐性，故她很樂意介紹客戶給我們，當中包括她的妹妹及妹夫。粗略計算，單是來自L本身及其介紹的客戶的佣金，已經足夠讓同事做到MDRT。

這個個案絕對是對耐性的大考驗。像L這種大企業管理層，時間十分有限，雖然人工高、不愁生活，但卻對理財事務愛理不理。很多顧問遇上這種客戶，都會選擇放棄。我們這次所以成功，關鍵就在於堅持與無比的耐性。

COLD CALL 貼士

1. Cold Call 時可借助適當的工具，例如汽球或其他小紀念品。當對方停下接過紀念品，就是開口做問卷的好時機。
2. 做問卷時可以說：「只花你 30 秒至 1 分鐘時間，答數個簡單問題即可。」一般人聽到不用花太多時間，都會樂意回答。
3. 在取得聯絡電話後，要在短時間內跟進約見客戶。如果對方沒有回覆，也要繼續跟進。同時，要了解對方喜歡哪一種溝通工具，是電話、WhatsApp、微信，還是電郵。有時候更改溝通工具能提升客戶的回覆率。如果大家聯絡多了，可在電話設定時間提醒自己，以免錯過跟進時機。
4. 要相信客戶，別因為對方不回覆訊息、遲到或早退等事情，先入為主地認為對方在作弄自己，或無意跟你簽單。只要對方仍未拒絕你，也別輕易放棄。

第 3 部分

電話攻略篇

第 8 章

有策略地努力
不懈的幸運者
黃偉森

Red

90 年代加入保險行業。在剛剛踏出校園時，她認識的朋友大多仍在求學階段，接近「零」人脈網絡，全靠事業初期以 Cold Call 建立基礎客戶羣，令她從入職第二年開始至今連續 31 年取得 MDRT 百萬圓桌會資格，當中 9 年更達到三倍 MDRT 業績 COT 的資格。

聯絡 Red

8.1 一切從 Cold Call 起步

那是一個只有兩所大學的精英教育年代，那是一個尚沒有「成功靠父幹」的年代，那是一個「讀唔成書就出嚟搵錢養家」的年代……一個黃毛丫頭，剛離開校園就開始「半工讀」生涯，除了一份文職正職，以及要在夜校進修外，尚有多份兼職，包括補習、快餐店服務員，還有不定期的「炒散工作」。放假期間也會做售貨、派傳單等工作，一心希望儘快儲夠第一年的學費與生活費，並到外國留學，一圓大學夢。

朋友見我如此拚搏，建議我找一份多勞多得的正職，專心投入工作，才可以真正「快人一步，理想達到」，這就是我接觸保險業的契機。與此同時，我又漸漸留意到父母身體開始變差，作為獨女的我，根本狠不下心離開他們。我認識了保險之後，很認同這個概念：如果自己有甚麼不測，父母的生活便沒有依靠了，我覺得自己必須為他們增添一份保障，而此舉可以把風險轉嫁給保險公司。我心想如果投身這個行業，幫助有同樣需要的人，而自己又可以藉此建立事業，何樂而不為呢？

令人茅塞頓開的一課

可是念頭一轉，自己親戚朋友不多，何來客戶呢？當時我還未滿 20 歲。記得最初到總公司面試，面試後隨即參加一個培訓活動，該名導師竟然令我茅塞頓開，推介了 Cold Call，並列出不同的 Cold Call 方法。那天晚上，我約了朋友到觀塘吃晚飯，甫走出港鐵站，看到裕民坊人頭湧湧，腦裏突然閃過一個念頭：如果這裏每十個人當中，我可以接觸到一個，便有機會建立我的客戶羣。我立時心裏踏實了起來。

◆ Red 與團隊夥伴攝於 2021 年 4 月週年頒獎典禮，大家無懼疫情繼續為客戶提供專業及優質服務。

當我順利成為一位保險從業員（今天稱為「理財顧問」）之後，我就開展了 Cold Call 的生涯，當中有做問卷、郵寄、電郵、打電話、洗樓、洗舖等。前輩教我，一定要儲夠 300 個客戶才足以建立一個客戶網絡（當年保單面額小才需要這麼多，今天應該 100-200 個就夠了）。經過了大概兩年的努力，我終於達標了，至此我那密集的 Cold Call 日程才放慢下來。我入行第四年開始建立團隊，也與團隊一起做 Cold Call。

Cold Call 是理財顧問必要技能

總括來説，我事業中的首六年都有做 Cold Call，到我認為已有足夠客戶後，才把 Cold Call 暫擱一旁。直到今天，我仍然不時為團隊組織 Cold Call 活動，包括近十年才流行的 Roadshows（路演）。我深信 Cold Call 是每位理財顧問必須鍛煉的重要技能。

今天我已為人母，在芸芸親子活動中，我特別推薦賣旗。如何向陌生人微笑、説聲早晨，並提出一個請求？面對途人的冷淡、漠視、不屑、拒絕時，如何禮貌地接受拒絕或表示感謝？這些都是人生必須學會的功課，也是我當年開展 Cold Call 生涯的重要基石。

8.2 有策略性地打電話是最高效益的 Cold Call 方法

我入行初期，定下了完成 100 張單的目標，估計需要 50 至 60 位客戶。因為我親戚朋友不多，令我更加堅定決心透過 Cold Call 完成目標。我計劃運用不同的 Cold Call 形式，以每星期能接觸最少三位準客戶為目標，每月就能接觸最少十位準客戶。根據前輩的經驗分享，當中有機會達到兩、三宗成交，那保守估計一年就能夠成功為 20 至 30 個客戶或家庭提供服務。

不過，過程並不如想像般順利。我試過連續一個月都未能安排約見客戶。幸好有同組夥伴互相鼓勵，懂得繼續堅持才可以成功，加上自己的技巧和心態不斷提升，曾試過一星期內每天都有一、兩位從 Cold Call 成功約見的準客戶。

第一、二年，我堅持嘗試每種 Cold Call 方法，而一試就是幾個月，絕對不是蜻蜓點水。其中洗樓、洗舖特別辛苦，不可能天天做，天氣熱時更加令人汗流浹背，為別人留下不好的印象。

用郵寄加電話 Cold Call

兩年來都未有間斷過的 Cold Call 方法就是打電話。躲在冷氣房間，沒有外來干擾，比較容易控制情緒，甚至可以預早準備寫上標準答案的「貓紙」。最終在熟能生巧之下，我幾個月後已經把此項工作變成日常，甚至可以一邊煮食一邊打電話。

作為新手銷售員，自然先向同學和老師埋手。一位老師直接拒絕了我，坦言已經幫另一位大學同學買了保單，沒能力也沒興趣再買了。但他卻把大學的同學通訊錄交給我，着我不妨嘗試聯絡。我第一個 Cold Call 成功的客戶歐陽先生，其姓名就在同學通訊錄的第一頁。

由於當年還沒有關注個人私隱的條例，我們一般主要是從電話簿、黃頁、廣告、名片取得電話，一般來說每 100 通電話也未必可以成功約見一位客戶。但如果是朋友提供的電話號碼，我會特別珍而重之。

從老師身上，我大概看到同學的兩個共通點：第一，他們一般對保險認識不多，買保險只不過是「賣人情」給朋友。而朋友靠的是關係式推銷，未必會把保單解釋得十分詳細，所以我約見的主要目的就是解釋他們現有的保單條款。第二，他們都是那種一邊聽我解說、一邊做筆記的高材生類型，所以我必須做好功課，熟讀保險條款的細節，更不可硬銷。

首先，我預備了一封信，先簡單地介紹自己，說明來意，聲稱樂意為他們解釋已有的保單，也可以推介公司最新的計劃，希望有機會面談。每個星期六我都會寄出信件，隨後在星期三打電話跟進，如打不通星期四再打，希望可相約下星期見面。當然，絕大部分的收件人都承認沒有認真看過那封信（這就說明郵寄方法多沒效率！），但有了這封信，我就可以直截了當地說明來意，對話流程也比較流暢。

就算不能成功約見，我也會定時與他們保持聯繫，每隔一段時間就會再寄一些資訊給他們，並更新我的資料，偶爾我也會收到一些查詢。總體來說，在同學錄中有一半聯絡不上，另外一半聯絡上的，每三位就有一位可成功約見，故成功率也算高。就這樣，每個星期我總有兩、三個下午在打電話，每個月也會有兩、三宗成交來自電話 Cold Call。

會面前訂好策略

其次，我珍惜約見的機會，會事先訂好策略。我決定純粹以建立信任基礎為前提，專注解釋舊保單的條款，指出重點，並提醒他們需要注意的地方。我強調客戶權益和他們容易忽略的部分，令他們覺得面談多少可為他們帶來一些價值。在會面期間，我會提議他們多提供一些資料，如工作、家庭責任、未來目標等，看看該份保單是否切合他們的需要。如我發現他們的需要中存在現有保單滿足不到的缺口，就會看看可否作出跟進。

話說第一次與歐陽先生會面，一切都不似預期般流暢。歐陽先生非常寡言，基本上是一問一答，一句也不會多說。但是我發現他有問必答，於是我便直接問了他不少問題，希望徹底了解他的想法和目標。

「你在甚麼情況下購買現有的保險？」

「如何釐訂這個保額？」

「與理財顧問的關係如何？對他的服務滿意嗎？」

「如果再投保的話，對保單和理財顧問有甚麼期望？」

我繼而進一步了解他的收支、流動資產狀況（包括現金和其他投資）、工作狀況、工作前景、個人狀況（有沒有女朋友？有沒有結婚計劃？）、價值觀、愛好、夢想等，甚至父母和兄弟姊妹的年齡、職業、是否同住、對他的期望等。

雖然似乎有點唐突，但他也逐一回答我的問題。經過一

◆ Red 獲得香港保險業聯會「香港保險業大獎 2016 —— 年度傑出保險代理」獎項，與一起共事的丈夫 Ray 攝於頒獎典禮。

輪熱身後，他開始分享多一點自己的感受。原來他很注重健康，喜歡健身，愛家人，希望自己獨力承擔家庭責任，讓父母早點退休，妹妹又可以做自己喜歡的工作。

我就把握這些重點，建議他重新檢視自己的人壽保險：萬一他身故的話，究竟需要多少保額才能夠真正達到對家人的保障？當時一般人投保的金額不多於 50,000 美元，而他的第一份人壽保險保額卻只有 20,000 美元。以他當時年薪約 20 萬港元計，我建議他投保 10 年年薪（即 200 萬港元）以上的保額。沒想到他同意之餘，更願意用薪金的 10% 作為每月供款，加上定期壽險，最後決定投保 30 萬美元的保額。

就這樣，歐陽先生成了我第一個 Cold Call 客戶，對我來說是一支強心針，令我更有信心和決心透過 Cold Call 完成目標。他隨後亦實現了夢想，而他的家人也成了我的客戶。

8.3 700多元背後的商機

上文提及的老師，雖然最終沒有成為我的客戶，但他卻幫助我的事業發展。另一位同學，當年依然是一名「月光族」，他沒有能力成為我的客戶，卻隨手把案頭一個名片盒推給我，盒子裏有公司名片、個人名片，有代理、買手、老闆、工程師等。這個小盒子替我的 Cold Call 事業開啟了另外的一頁。

不明所以的保單

還記得，其中一張名片把我帶到紅磡某幢工廈的寫字樓。下午五時，到了約定時間，準客戶陳先生仍忙於工作，我唯有乖乖地在接待處等候。一個小時之後，陳先生完成手上的工作，帶着他的保單走出來，説可以跟我面談，但竟然要求我在接待處跟他談話。

我頓時不知所措，根本不懂得處理，只有唯唯諾諾，開始面談。接待處人來人往，接聽電話、交收單據和樣辦，擾擾攘攘。我一方面努力向陳先生解説手上那份保單的資料，一方面暗暗責難自己技巧幼嫩，心態訓練不足，難以駕馭雜亂環境。解説完畢，陳先生不置可否，只要求我為一個比他年輕兩歲的人預備一份保單建議書，供款與他現有的保單相同，每月700多元，完成後寄給他便可。我嘗試詢問保單的持有人是誰，他只説是一名女性。我再追問之下，他簡潔地回覆説是他女朋友，之後就沒有甚麼補充了。

離開工廈的時候，我心裏有一種不大踏實的感覺。雖然我已經做好準備被人拒絕或者被人放鴿子，但心中總有點躊躇。不過，既然陳先生要求我預備保單建議書，就算機會多微，我都不能放棄。

簽單鍛煉做人態度

當時我雖然已經成功簽下好幾個從 Cold Call 獲取的客戶，但其實工作仍未算穩定，而且每個機會都得來不易。曾聽過很多前輩的教導和成功經驗分享，他們都強調在理財顧問行業中必須學習做人的態度，能夠成功獲取客戶的信任，努力實幹和為人誠懇往往是最關鍵的因素。因此，我決定親自把建議書交給陳先生。

完成保單建議書之後，我沒有依照客戶的指示寄出保單，而是親身送到寫字樓，成功爭取到 15 分鐘解釋保單建議書的時間。這一次比較幸運，我大約等了 20 分鐘就見到陳先生了。

陳先生是一名電子工程師，為人比較理性和直接，他願意自己花時間了解清楚建議書所有條款。我估計即使我親自把建議書交給他，也沒有太多機會可以詳細講解，所以我便在建議書內用上不同顏色的螢光筆做了很多標記，並且為他計算不同時段的保障及保單總值所帶來的增值額等。如我所料，他只在我面前翻開建議書看了一眼，便表示沒有問題，只着我留下一張保單申請表格。我真的完全沒有任何機會講解建議書的內容。既然我已經儘了力，便唯有離開。

遇上保險忠實「擁躉」

誰知第二天陳先生打電話給我，着我上他寫字樓取回保單申請表及支票，真是意料之外！更意想不到的，是我看到他在建議書內我加上的註解旁邊寫了筆記，再一次給予我很大的信心。

我提出送保單時必須與保單持有人（即陳先生的女朋

友）見見面。最後，我們安排見面了，他們二人最終都成了我的客戶。及後他們結婚，孩子出生了，他們一家三口至今已經替我購買了 20 多份保單。原來陳先生是保險的忠實「擁躉」，每份保單建議書都會仔細研究，決定了就說一不二。他還推薦了很多準客戶給我，甚至在我約見準客戶前已經把保單計劃向朋友解釋得八八九九，省下我不少工夫，成功率也因而大增。

當天把名片盒交給我的同學，不久也成為了我的客戶。但我們不應該只着眼於這一張保單。一個朋友可能只有一張單，但朋友的轉介可能會一變十、十變百。一張保單那怕只是 700 多元，也要努力做好，才有機會有更多的 700 元。

時至今天，保險投資不再是大家陌生的東西，而銷售也不再靠甚麼三吋不爛之舌。要推銷成功，除了要有真摯誠懇的態度外，還必須提供貼心可靠的服務。而更重要的是了解客戶的能力與需要，並了解自己手上的產品如何能配合客戶的要求。

現代通訊科技發達，在電子媒體中也能獲得不少商機。我們可以從不同途徑接觸準客戶，跟進方法也簡便快捷。我們不單可以經常與客戶保持聯繫，更可以按照客戶不同的需要，向他們發放各種資訊。我們也可以提醒自己定期跟進，邀約客戶見面。最後，無論用哪種方法，必須注意客戶的私隱問題。

COLD CALL 貼士

1. Cold Call 多少靠點運氣。但我深信「幸運垂青於努力不懈的人」，只要不氣餒，總會簽到第一張單，有了第一張單，就會有第二、第三張單。有了失敗的經驗，檢討總結後，就可以踏上成功的道路。

2. 每個運動員都是由「輸」成長，一切更是由「跌」開始。但當我們接受輸和跌只是日常的鍛煉，知道只有多輸一次、多跌一次，我們就離成功近一步，並把工作變成日常習慣，不當是苦差，那就可以一直做下去。

3. 當年我剛好有一位好師姐，樂意陪伴我一起做 Cold Call。洗樓時，我們一起乘升降機到頂樓，我洗單數單位，她洗雙數單位；或者二人一起去，單數單位我開口，雙數單位她開口。在打電話時，我們會一起留在寫字樓，我打一通電話，她又打一通電話，我們互相聆聽、互相學習和提點。這很像今天所謂的 Buddy System，成員可以互相砥礪、互相鞭策。

4. 我們要有心理準備，Cold Call 要堅持一段時間。但我們也必須向自己保證 Cold Call 並不是無窮盡的功課，只要我們建立到一個客戶羣，就可以展開新的工作模式，暫時為 Cold Call 劃上句號。

第 9 章

企業 Cold Call 大師
謝立義
Stanley

投身保險理財行業近 30 年，現為 2022 年度香港人壽保險從業員協會（LUA）會長，儘力為保險同業爭取福利。榮獲 26 年 MDRT 百萬圓桌會核准終身會員及 4 年 COT 超級會員資格，也曾擔任該會 2013-14 年香港及澳門地區主席，多年致力推動 MDRT 會籍及全人理念（Whole Person Concept）。連續 10 年獲得團險精英會名人館 Hall of Fame 及團險精英會最高累積保險數目大獎。其演説能力非凡，多次獲邀代表香港地區於 MDRT 百萬圓桌會週年大會及其他國際性保險理財會議中演講。

微信 Stanley

9.1 專注開拓公司客
保險行銷由零售變批發

1985 年至 1990 年代初，香港經濟高速發展，只要肯做，要魚翅撈飯不難。我人生的第一份工作是通訊設備銷售員，第一個任務就是到葵涌及火炭區推銷商用傳真機。

那種傳真機是座地式的大型機器，每部售價逾 6 萬元，價值不菲，通常是較大規模的公司才會購買，所以大部分同事都想在尖沙咀、中環等商業區做推銷，因為那裏高端客戶較多。反而葵涌及火炭屬於工業區，很多人都覺得難做，如果一個月能賣出兩至三部，已算是好成績。

我為人比較單純，既然公司指派我去工業區，便不去想那麼多，一家一家公司敲門，由早做到晚，從不偷懶。努力之下必有回報，我不但業績年年達標，更成功做到一些如屈臣氏、國際煙草公司的大客戶。公司看到我業績不差，便再多派了深水埗區讓我 Cold Call，我一樣做到好成績。

升職反成轉行導火線

數年後，公司決定晉升我為銷售主管。一般人會覺得升職是開心事，但對我來說絕對不是，皆因升職後，我不能主動向客戶推銷，而是要帶領其他人去做銷售。我的收入變成了底薪再加團隊的一小部分佣金，兩者加起來竟比升職前還要少。

雖然如此，但我仍敬業樂業，做好這份工。團隊業績仍然達標，而公司後來更讓我多管理兩個銷售團隊。及至 1991 年，我已晉升到助理銷售經理一職，底薪也有 3 萬元，但加上佣金後，我的收入仍然比不上我最初做銷售員的人工。

那時我開始認真思考自己的前途，我的職位已是一人之下，而我上司的職位一定要由日本總公司派來，我絕不可能升上該職位。礙於公司制度，我知道自己已無法再突破，於是便考慮轉行。

機緣巧合之下，我認識到現在的保險業上司，他讓我知道理財顧問是一個公平的行業，多勞一定多得。而且，我父親曾是保險受惠者。他的店舖曾經歷火災，幸好得到保險賠償才不致一無所有。其後他的眼睛又曾遭硬物撞擊，也獲得了意外賠償。這兩件事令我覺得，保險是能幫助人的行業，所以我在 1992 年初決定加入保險業。

天道酬勤 比別人努力一倍

入行初期我很努力見客，無論是 Warm Call 、 Cold Call 都做，上司要我一天見三個客，我便去見六個，就算有客人爽約，我也會馬上做 Cold Call 找人替補。皆因我有一個簡單的目標：我要比之前多一倍人工！

但 Warm Call 始終有局限性，尤其那個年代不少人對保險有偏見，覺得保險是騙人的，就算我的家人及舊同學中，很多人都不認同保險，於是我問上司：「可以不做 Warm Call 市場嗎？」上司說：「在外國，很多大師級理財顧問都是做商業保險，由員工福利開始做起，或者你可以嘗試一下。」

這個提議不錯啊！雖然 1992 年尚未推行強積金，但勞工保險是強制性的，每家公司必定要買，再加上俗稱「公司醫療」的團體保險，供 Cold Call 的對象很多。

Endless Chain: 永無止境的銷售鏈

做公司客戶的好處是，假如我成功簽到一家公司，這家公司有 10 個職員，我便變相有了 10 個職員家庭的個人保險客源。如果每個客戶再介紹其親友，可以成為一條永無止境的銷售鏈。

這個概念有點像批發，我只要找對批發商，他便會將我的產品轉售予其他客戶，源源不絕為我找新客。如果說個人一對一 Cold Call 是零售，那麼做公司 Cold Call 就是批發。公司規模愈大，我的客源便愈多，這比我站在街上做個人 Cold Call 能節省更多時間。

如是者，我在入行初期花了很多時間做公司 Cold Call，即使 Warm Call 不成功，我也會嘗試接觸朋友公司的人事部，藉此開拓公司客源。

事實證明這個策略成功。我在入行第一年只工作了十個月，便已經成功簽了 138 張人壽保單，收入比我之前足足多了一倍。其後，在我成功 Cold Call 的客戶當中，不乏有數千名員工的大公司。我在接近 30 年的理財顧問生涯中，取得了 25 年 MDRT 核准終身會員及 4 年 COT 超級會員的佳績。

別看我的仕途順風順水，其實 Cold Call 中也遇過不少失敗個案，只是我永遠抱着一個信念：天道酬勤，今次失敗不要緊，在失敗中汲取經驗，下次再接再厲。只要你保持一顆渴望成功的心，對方總有一天會被你的誠意打動。

9.2 奪國際大公司團體保險 由一個招聘電話開始

很多理財顧問都想做大型公司 Cold Call，可惜不知從何入手，如果貿然走進公司跟接待員說要介紹團體保險，多數會吃閉門羹。我入行初期也曾碰過不少壁，但我在每次失敗後都從經驗汲取教訓，久而久之，發現其中一個最有效的方法，就是從招聘廣告入手。

大部分公司都是由人事部負責處理強積金及團體保險事宜，而最容易得到人事部資料的途徑，就是招聘廣告。他們會請應徵者寄履歷去人事部 X 小姐，有些更留下直線電話。我便跟着這些聯絡電話，直接致電那位 X 小姐，而我其中一個大客戶 M 集團，就是用這個方法 Cold Call 成功的。

M 是一家國際廣告及公關集團，全球員工約有 2,000 人。集團經常在報章刊登招聘廣告，我便循着廣告上的電話，聯絡人事部黃小姐。

簡單的見面要求

「黃小姐，妳好！我是 Stanley。我從報章招聘廣告得知你們公司。其實我是代表 XX 保險公司，專門處理公司的員工福利。我明天剛巧在你們公司附近工作，不知能否過來跟妳交換一張名片，留低一份資料給你們呢？」這是我一貫的開場白。

這個簡單到不能再簡單的要求，理論上成功率很高。當然，我也遇過不同形式的婉拒，最常見是「我沒有時間」。拆解方法是：「我只是上來交換名片、留低資料，花你不到

1 分鐘時間。」有些人會退而求其次：「你電郵或寄資料給我吧。」千萬別答應，因為面對面交流最能令對方留下深刻印象，所以一定要禮貌地重申見面的要求。只要不阻礙他們工作，他們基本上都會答應。

有些人會說：「公司剛續了團體保險。」此時你可回答：「都是我不好，遲了找你們。我明年會早些跟你們接洽，但我可先上你們公司，留低名片及我們公司的資料給你們參考嗎？」團體保險年年續保，今年做不到，可以等下一年。

另一個常見理由是「這並不是我負責的」，M 集團的黃小姐便是如此回覆我。我便順理成章問：「請問是哪一位同事負責呢？能否給我他的聯絡方法？」黃小姐給了我另一位同事的電話號碼，但原來這位同事也不是負責人。不要緊，繼續請他轉介便是。最終我找到團體保險的負責人李先生。

李先生的回應是：「不用了，我們公司透過一家經紀公司購買團體保險，已用了很多年，不會轉的。」我回歸基本要求，到訪公司見見面、交換名片及留低資料。李先生最終答應了。

我提早半小時到達，當時李先生正在開會，我坐在接待處等候。早到是有原因的，一來給予對方守時的好印象，二來當對方來迎接時，接待員會說：「這位先生等了你半小時。」這也會令對方留下深刻印象。

李先生跟我交換名片後，我遞上公司的單張以及團體保險計劃的簡介，還送上一份小小的紀念品。李先生接過後說：「多謝！但我今天較忙，我看完資料再聯絡你。」說罷又返回辦公室。

貼心的世界級服務

一星期後，我再致電李先生跟進，他答應給我一個面談機會。但這只是開始，還有很漫長的路要走，最後我足足用了半年時間，才成功簽到這家公司的團體保險。因為李先生為人非常嚴謹，他會要求看合約條款，而每項細節都要了解得一清二楚。當時我入行不到一年，對於艱深的保險條款可謂一竅不通，猶幸公司有充足支援，在必要時更差派一位有經驗的同事直接向李先生解釋合約細節。

M 集團是世界級公司，要贏到合約便需要提供世界級的一流服務。為爭取這張團體保險單，我特別為 M 集團度身訂造不少貼身服務。例如，當時 M 集團處理員工醫療賠償的流程，是由人事部收集賠償表格及單據，然後寄回保險公司。但如果中途寄失了，怎麼辦？於是我們提出專人上門收件服務，確保文件不會寄失，亦可在第一時間為員工處理賠償。

此外，一般保險公司會舉辦講座，向員工講解團體保險細節，但 M 集團這種員工遍及全球的大公司，沒可能集齊所有員工同一時間坐下來聽講座，所以，我又建議在 M 集團設置專人服務櫃枱，在特定時間派人到他們公司，讓員工隨時查詢有關索償或其他保險的事宜。

保險服務是無形的，要如何令客戶相信你呢？所以，我又將服務承諾白紙黑字寫在計劃書內。例如，將理賠時間縮短為 14 天內，將服務變成可量度的指標，這種做法在 90 年代初是相當創新的。正因為這些體貼的服務，李先生對我們公司另眼相看，聲稱會認真考慮我們的計劃書。

無限誠意的救亡行動

兩星期後，公司獎勵業績出眾的同事到夏威夷旅行，很榮幸我也是一分子。就在我玩得興高采烈時，李先生打了一個長途電話來，一口開便說：「Stanley，打擾你不好意思，我認真看過你們公司的計劃，其實保障上跟我們現有的差不多，但你們的收費貴了數千元，所以公司決定採用現有計劃。我知你是一個很好的顧問，不如等你回香港後，我再將公司的勞保及車保交給你跟進？」

那刻猶如一盤冷水當頭淋，還何來旅行雅興？我馬上訂即晚機票回香港，並致電公司，要求將保費降低一點，最後成功爭取到比對手平 3,000 元。我在乘飛機期間，通宵整理計劃書，將獨有的服務演繹得再詳盡一點。我下飛機後極速回家梳洗，第二天早上八時便在 M 集團的辦公室出現，手裏拿着新的計劃書加上一盒夏威夷果仁，等李先生回來。

李先生看到我相當愕然，他想不到我會取消行程，還這麼快便整理好新的計劃書。我說：「李先生，多謝你這半年來一直給我機會，但可否請你再花 15 分鐘，聽聽我這份新計劃書的內容？」

精誠所至，金石為開。李先生看到我的付出後，願意再花 15 分鐘時間，聽我將計劃書的更新內容介紹一次。完結前我說：「我們很努力去作出服務承諾，但亦需要你給我機會，證明我承諾的服務做得到。我希望你們能再認真考慮，給我們一次機會去證明能力。」

李先生請我回去等消息，我只好懷着忐忑的心情離開。豈料半小時後，李先生的秘書致電給我：「李生說今次的團體保險交給你們，你們要做好一點，不要令他難做。」經過重重關卡後，我終於在 1993 年簽成人生第一張大型團體保險單。

這張保單意義非凡，因為是我擊敗了一個強勁對手而得來的，而過程中我也得到很多寶貴的經驗，令我日後再接觸其他世界級公司時，有足夠信心去面對。

此外，在保單生效初期，負責到 M 集團收件及接收員工查詢的專人，其實就是我本人。我因為每星期都到 M 集團工作，與該公司的員工也逐漸熟絡。由於我擁有專業保險知識，很多人都願意找我購買個人保險產品。

其中印象最深刻的，是茶水間的阿姐。她竟主動問我：「謝生，你們公司計劃很好，我兒子沒有醫療保險，能否替你買一份？」她又主動向其他同事推薦我：「謝生很專業的，替我們公司處理保險，找他買保險一定沒錯。」想不到茶水間的阿姐竟成為我其中一位重要的中心人物。

看到了嗎？這就是推銷鏈的威力。雖然要奪得一張大公司的團體保單，必須花上很多心思及時間，但換來的成果絕對值得。

COLD CALL 貼士

1. 可從招聘廣告獲得人事部的聯絡資料。
2. 找到負責人後切勿急於推銷，要安排先見面交換名片，對方才會對你有印象。單單用電話溝通，對方很容易忘記你。
3. 見面時可送上小紀念品，例如筆、月曆或便利紙條等，可為你增加印象分。
4. 當知道目標公司何時續保，必須記下來，按月份分類。這樣做可方便你知道哪些公司即將續保，以便提前聯絡。
5. 必須了解對手公司的計劃。在設計計劃書時，最少要有三個項目比對手優勝，如此才會有勝算。

9.3 三年時間打通人脈
得來不易的 MPF 大單

要獲得公司人事部的資料，除了招聘廣告外，最佳的來源就是身邊的朋友及客戶。所以，我每次接觸一位新客人，無論能否成功簽單，必定會向這位客人索取其任職公司的人事部及員工福利等資料。例如：你們公司有沒有公司醫療福利？用哪一家強積金（MPF）受託人？人事部經理叫甚麼名字？如果朋友與人事部同事熟絡，更可以安排見面。有了這位中間人，Cold Call 也變得不再 Cold。我的其中一位大客是香港的大型地產代理 N 集團，員工達到 3,000 人，而我便是從這個途徑入手的。

話說大約 1996 年，我向一位好朋友介紹個人保險。當時他完全不認同保險概念，故銷售並不成功。但不要緊，他是 N 公司的員工，我在離開前跟他說：「其實我專責做員工福利，即團體保險、勞保等。你能否介紹你們公司的人事部同事給我認識？」

朋友說：「公司已經有醫療保險，我又與人事部不熟，應該幫不到你。」

我說：「你有沒有其中一位人事部同事的姓名？有姓名我就可以找到他。」

朋友想一想，再說：「我入職時好像跟一位劉小姐聯絡。但我與她不熟，你自己打總機電話去找她吧。但千萬別提起我。」

第二天我便致電劉小姐，原來劉小姐只是一名初級職員，於是她給了人事部經理鄭小姐的聯絡電話給我。我再致電鄭小姐，運用我一貫的開場白介紹自己，要求見面、交換名片及留下資料。

幫得就幫　別計較得失

初接觸鄭小姐時，她的態度甚為冷淡，只說了一句：「你留下資料，我會看看。」其後再致電她跟進，她直接跟我說：「我們公司沒有團體保險的，多年來如是，你不用找我了。」

原來 N 公司是採取自行資助員工醫療費的辦法，例如員工看醫生後，拿着單據便可向公司申請 100 元津貼。由於地產代理底薪低，收入主要靠佣金，手停便口停，所以他們甚少請病假。N 公司認為用津貼形式資助員工醫療費，較購買團體醫療保險划算。其後，我每隔兩至三個月便會找鄭小姐，但她都不願意跟我討論團體保險的事。

不過，因為我的專長是保險，鄭小姐每遇到疑難，也會向我查詢。例如，有一次她發現一位同事經常拿着醫療單據申請津貼，申報的都是同一種疾病，但鄭小姐向分行查詢過，得悉這位同事十分精神，根本不像患病，於是拜託我查一查保險公司會否為這種病提供賠償。我一口便答應了替她找資料。

另外，因為 N 公司要開拓內地業務，高層要經常返內地開會，於是我又替他們找一些內地緊急支援服務，甚至幫他們研究有沒有需要購買與綁架相關的保險。另外，我還幫 N 公司穿針引線，在他們公司安裝了一個員工可自行購買旅遊保險的系統。這些工作雖然都屬微利甚至義務性質，但鄭小姐看到我熱心幫忙，對我的態度亦有改變，不再是初見面時的冷言冷語。我們其後更成為好朋友，經常相約吃飯。

兩年後，鄭小姐主動介紹她的上司蘇小姐給我認識，蘇小姐是人事部最高負責人，更是集團老闆的左右手，相當受器重。第一次見蘇小姐時，她老實跟我說：「謝先生，實不相瞞，我也有給會計部看過你提供的團體保險資料，可惜他們仍決定沿用現有制度。但我知你很專業，提供了很多有用的資訊給我們，過去亦幫了鄭小姐很多，日後我們如果有其他保險上的需要，一定會拜託你的。」

早着先機的重要性

我感謝蘇小姐的關照，而這個日子亦不需等太久。就在 2000 年，政府推行強制金計劃，而我在 1998 年已開始跟鄭小姐及蘇小姐緊密聯繫，協助她們了解強積金計劃。我每一次開會都做足準備工夫，她們還邀請我們公司專責籌備強積金的同事，親自向 N 公司高層解釋整個操作，充分展露我們專業的一面。

N 公司是大企業，自然有不少人敲門，希望可以做到他們的強積金生意。即使是我所屬的公司，也曾有其他理財顧問嘗試接觸 N 公司，不過鄭小姐會說：「我已跟你們公司的謝生跟進，你們毋須再找我了。」

雖然我早着先機，佔了時間上的優勢，但 N 公司的人事部也必須要按步驟挑選數名強積金受託人，然後在董事及股東前介紹一次計劃。我們的對手來頭不小，有大型銀行及專業基金公司，前者以豁免部分銀行服務費，或低息貸款等作招徠；後者則以基金投資表現為賣點。

我們公司則注重服務質量。例如：給予員工免費驗身或牙科檢查，以及安排專人上門收取強積金供款資料及支票。

◆ 於 2019 年 APLIC 亞太壽險大會擔任香港區持旗手。

我們憑着體貼的服務，最終贏得了這張大型強積金保單。在我的保險工作生涯中，高峰期曾處理 6,000 多個強積金供款戶口，單是 N 公司便佔了一半。

此外，N 公司的高層也因此認識了我，當中有些人更成了我的個人保險客戶。而因為了解我的專業態度，鄭小姐在轉工後也把新公司的強積金戶口及團體保險轉到我們的公司。

雖説這是一張花了超過三年時間部署的大單，期間沒有收入，在初期更被人冷待，但只要有耐性，一步一步去接觸公司高層，在別人有求於你時儘量幫忙，不去計較得失，當你打好關係後，時機一到，自然水到渠成。

COLD CALL 貼士

1. 每位朋友或客戶都是重要的資訊來源，可在閒話家常時多了解他們公司的情況，了解他們公司的團體醫療及強積金的情況，最後才單刀直入查詢可否提供人事部的聯絡電話給你。
2. 與人事部職員溝通應要有耐性，儘量打好關係。當他們轉職至另一家公司，如果他們知你幫到他們，也有機會採用你公司的強積金或團體保險計劃。
3. 別輕易放棄。就算這個人事部經理不採用你的計劃，在他調職或離職後，有機會下一位會採用。所以，可每隔一段時間再接觸公司，例如每當有新的保險公司資訊，都可找機會與人事部經理見面講解，藉此維持關係。
4. 當簽成一張公司單，可隨着公司的發展發掘其他生意機會。例如，公司開拓內地業務，就可以伺機推銷一些內地公幹的保障計劃。

第10章

保險行銷達人
湯恩銘

Alvin

從事保險業近10年，於行業內發展迅速。單靠香港生意，已連續7年獲得國際保險業最高榮譽MDRT資格，而當中成為了2年超級會員（COT）、1年頂尖會員（TOT）。2017年，他以27歲之齡成功晉身當時最年輕的頂尖百萬圓桌會員（TOT）。同年，更榮獲香港管理專業協會（HKMA）頒發「傑出推銷員大獎」。擅長服務企業客戶，目前服務的客戶包括電影院、證券公司、全球物流代理、建築公司、中小學、IT服務公司、房地產開發商等。

聯絡Alvin

10.1 開拓藍海 用 Cold Call 扭轉命運

我在 2011 年加入保險業，至今不經不覺已經十年。在別人眼中，我的事業發展相當順利，連續拿了七年 MDRT，當中兩年 COT，一年 TOT，還建立了自己的保險團隊。但我可以跟大家說，我初入行的日子與現在差天與地，當時月薪只有數千元，更要從事散工渡日。全靠 Cold Call 扭轉了我的命運，成就了今天的我。

保險並不是我的第一份工，我在 2010 年畢業後，本想做銀行前線銷售，因為覺得香港金融業前景無限，而我自己又喜歡與別人交流及溝通。反而辦公室文職那種刻板工作模式絕不適合我。

可是，當時在銀行任前線銷售員需要擁有大學學歷，由於我只得大專學歷，所以只被安排做銀行櫃位職員，每日處理客戶存款、提款、匯款等銀行服務。這並不是我想要的工作模式，加上那時月薪只有 8,900 元，我屈指一算，如果繼續做下去，即使樓價不升，節衣縮食，每月把收入儲起一半以上，也難以儲到錢買樓。而我又不懂投資，想在 30 歲前五子登科（金子、妻子、孩子、房子、車子），似乎是遙不可及的目標。

主動轉行 尋更好出路

長此下去不是辦法，故數個月後我便毅然辭職。當時我聽説做保險會賺很多錢，於是主動找我的保險顧問，跟他説：「我要轉行做保險，你介紹我入行吧！」

保險是一個很特別的行業，同一家保險公司，當中卻有不同的團隊文化。我加入的團隊主攻 Warm Call，上司及同事教的都是如何向親戚朋友銷售保險計劃，但對於一個剛畢業的大專生來說，其實是一個大難題。

因為我的朋友都是初出茅廬的新鮮人，大家人工都不高，有些朋友還在讀書，可以供我推銷的對象着實不多，就算朋友仗義幫我簽單，金額也不高。所以我入行第一年成績十分差，收入只有 5 萬元，即是平均每月大約 4,000 元，生活捉襟見肘。

在收入不足之下，我自然要做其他兼職幫補，甚至試過到深圳走水貨，總之甚麼也做，投入保險事業的時間相對減少了。在惡性循環下，業務自然愈做愈差，自己也愈做愈頹廢。

谷底翻身　收入大躍進

後來經朋友介紹下，我認識了現任保險公司的經理。我坦白跟他說，我沒有客源，未必可以幫到他帶來生意。原本以為他不會聘請我，誰知他說：「我教你做 Cold Call，開拓客源，你願意接受這個挑戰嗎？」

當時我正處於人生谷底，沒甚麼可輸，還有甚麼懼怕？於是單純地就轉了工。最初我甚麼 Cold Call 形式也做，打電話、做問卷、洗工廠、洗商舖。每星期做足六至七天，絕不偷懶，也從不挑客，因為我知自己沒有本錢去挑選客人。

我運用整合強積金戶口作為敲門磚，而因為絕大部分香港人都有為強積金供款，故他們抗拒度不高，我因此儲到了一批散客。之後就慢慢靠建立關係，交叉銷售其他人壽保險計劃，然後是經客戶轉介，約兩個月後生意漸上軌道。而我轉工後，首年收入已達到 36 萬元，即每月大約 3 萬元，比我做銀行職員時的收入要高很多。

擴闊圈子　認識不同階層人士

當儲到一批固定客源之後，我開始思考如何將生意做大。由於工作忙了，時間變得更寶貴，後期我的 Cold Call 目標主要鎖定一些高端客源，例如公司客戶，因為成功做到一家大型公司的強積金或是團體保險，便可進一步接觸其員工進行強積金個人戶口整合，以至銷售其他人壽保險，變相整家公司的員工都有機會成為我的客戶。這比在街上盲目 Cold Call 更有效率，更易成功。

當大家掌握到做 Cold Call 的技巧，就會發現新藍海，因為 Cold Call 可以幫大家擴闊圈子，認識不同階層、不同年紀的客源，當中不乏老闆、經理、專業人士、上市公司高層，你有機會從中簽到大額保單。

反而 Warm Call 只局限於自己的生活圈子。除非你出生富裕，或讀書時修讀醫科、法律等專業，否則一般在普通家庭出生，想要認識上流階層的人，非靠 Cold Call 不可。所以，人脈不多的新人更應該認真發展 Cold Call 市場，藉此打好根基。

◆ 被邀請至 MDRT 年會的 Focus Session 作分享嘉賓。

10.2 接線生的攔阻 —— 找對口單位的關鍵

剛開始做 Cold Call 的日子，我任何形式的 Cold Call 都會試。我曾試過拿着電話列表，逐個打電話問對方有沒有需要整合強積金。這種大海撈針的做法成效十分低，但對於一個沒有人脈的新人，別無選擇下也要走這條路。

當大家捱過初段難關，儲到一些人脈後，就有條件從現有網絡中發掘具潛質的客戶去 Cold Call。我其中一個大客戶 P 公司，就是靠這種間接 Cold Call 而來。

Q 是我替一位散客做強積金保留賬戶時認識的，當時看到 Q 的公司用了一家很冷門的受託人公司，於是好奇地問：「你的公司叫甚麼名字？因為很少公司會用這家受託人的。」

P 公司在香港屬大企業，員工約 400 人。我覺得這是個千載難逢的好機會，或許可以做到這家公司的強積金戶口，於是主動向散客索取轉介：「你還認識甚麼人在 P 公司工作嗎？可否介紹給我？」

「我已經離職數年了，又不是公司高層，不知道哪位同事負責強積金，公司那邊也不會記得我是誰，應該幫不到你。」散客最初婉拒。

「不要緊，你想想離職前曾聯絡哪位人事部同事，你給我姓名就可以了，我打公司總機電話去找他，不會麻煩你的。」

絕大部分人都怕麻煩，只要你的要求簡單而且不複雜，別人還是樂意幫你的。散客認真地想一想，然後説：「你可以嘗試找 R 小姐。」

找出公司負責人姓名

做公司客最難一關就是找到對口單位，尤其是大公司，因為一般 Cold Call 推銷來電，十之八九都會被接線生攔下。但如果能說出某某同事的姓名，除非那人是極高層人士，需要道明來意才可通過接線生一關，否則接線生通常都會為你轉駁電話。

第二天我致電 R 小姐，她接到我的電話時也相當愕然。我單刀直入，道明來意：「R 小姐妳好！我是 XX 公司的理財顧問。我們公司在強積金有很大的優勢，想向你們公司介紹我們的強積金計劃。請問妳是否負責人？」

這種官式開場白在 Cold Call 是必須的，但成功與否卻要看運氣，因為你不知道是否找對了負責人。今次我的運氣有點不濟，R 小姐並非強積金的話事人。

堅持跟進 不輕易放棄

R 小姐說：「負責的同事今天不在公司。」

我說：「能否請妳告知負責人的姓名？」

R 小姐說：「不如你留下聯絡電話，我請他回覆你吧。」

我留下了姓名及聯絡電話，當然是石沉大海，這是預料之中的事。但 Cold Call 精神就是要不斷跟進，除非發生以下兩種情況，我才不會再這找這家公司。

第一，公司政策規定必須用指定公司的強積金計劃，無論任何情況都不能轉換；第二，遇上態度懶散的負責人，因為轉換強積金計劃會增加他們的工作量。此外，如果轉換計劃後收到任何投訴，有機會被上司責怪。在少做少錯、不做不錯的前提下，這些負責人多數不會輕易轉換計劃，所以無謂花時間在這種公司上。

由於 P 公司未有明確拒絕我，所以我每隔一段時間，都會再致電 R 小姐跟進。答案都是千篇一律，「負責人沒空」、「你留下資料我們研究一下」、「有需要時會再聯絡你」。雖然尚得不到正面回應，但我每逢節日都會寄賀卡給 R 小姐，藉此維持雙方關係 。

別開生面的開場白

就這樣過了兩年，有一天打電話給 R 小姐前，心想：「如此下去不是辦法，得想個突破方法才行。」想了一會，終於想到一個別開生面的開場白。

「R 小姐，妳知不知今天是甚麼日子？今天是我和妳相識兩週年的大日子！」我興奮地說。

電話另一邊靜了下來，我想 R 小姐是呆了，不知如何應對。我接着說：「其實我今天是來解決妳的煩惱的。」

「我哪有煩惱？」R 小姐疑惑地說。

「我知我經常麻煩妳，不如妳幫忙介紹負責強積金的同事給我，我保證日後不會再麻煩妳。」我誠懇地說出我的請求。

R 小姐被我這番半開玩笑的說話說服了，呼一口氣說：「好吧，我給你負責人的姓名。她是 S 小姐，但你要用總機打電話給她，千萬別說是我介紹。」

我信守承諾，用總機電話致電給 S 小姐。由於要有百分百把握聯絡到 S 小姐，故我靈機一觸對接線生說：「我剛才與S通電話時突然斷線，麻煩你再轉駁電話給她。」這招確實奏效，接線生馬上把電話接到S小姐的辦公室。我再一次用官式開場白介紹自己及來電目的。

「多謝你一直以來接觸我們公司，其實早前已有很多保險公司找過我了，我覺得我們公司暫時沒有需要轉換強積金計劃，不需浪費時間。」從S小姐的語氣，像已知道我是誰，可能之前R小姐曾提及過我吧。

爭取見面機會 一擊即中

雖然S小姐拒絕了我，但放棄不是我的作風，我隨即反問：「妳聽過這麼多保險公司的計劃，有沒有我們公司在內？」

S說：「那又沒有。」

我說：「那就不公平了。妳最少要給我們一個機會介紹計劃。我們從未見過面，妳又未聽過及了解過我們公司的計劃，又怎知我們公司幫不到手？其實我一向有接觸你們公司的其他同行，像你們的對手ABC公司都是我的客戶，也是採用我們公司的強積金方案，所以我相信我提供的建議會與其他保險公司不一樣。如果妳聽完我介紹後，真的覺得不好，幫不到忙，我之後不會再麻煩你們。請給我一個機會吧！」

我的說話成功打動了S小姐，她答應給我一個見面機會。為了那次簡介會，我花了不少時間做準備，介紹文件也做得簡潔和吸引，我更會上P公司的網頁做資料搜集，了解公司背景、企業文化，甚至公司的代表顏色，一一套用在介紹文件上，務求一擊即中。

那次簡介會十分成功，S 小姐也滿意我們的計劃，於是再相約其他部門主管作了第二次簡介，最後成功奪得 P 公司的強積金計劃。這也是我迄今為止規模最大的一單強積金生意。但這絕對不是終結，之後我也爭取到 P 公司的團體醫療保險。另外，S 小姐對我的專業態度另眼相看，我與她熟絡後，她也有私下幫我購買人壽保單。

◆ 定期舉辦成員講座，拉近與成員之間的距離，方便交叉銷售其他理財產品。

COLD CALL 貼士

1. 要找出公司的負責人姓名，有個簡單方法。由於大部分公司都會由人事部負責處理強積金，所以第一步就是要找出人事部同事的姓名。有些公司會在網頁或 LinkedIn 列出人事部員工的資料及聯絡方法，可以嘗試從這些途徑查找。但更多時候是找不到網上資料，此時便要動動腦筋運用其他方法，例如：找朋友佯裝應徵工作，或在替客戶整理強積金戶口時，請客戶幫忙轉介。

2. Cold Call 一般都要採用官式的開場白，但成功率不高，所以必須多花心思設計一些對白去吸引對方注意，儘最大努力爭取見面和介紹公司計劃的機會。

3. 公司管理層大部分都工作繁忙，時間寶貴，不可能一次又一次聽你介紹計劃，很多時只會給你一次簡介機會。所以，你一定要儘全力做好準備，除了文件資料必須充足，有時間也應找同事或上司預演一次，看看哪裏需要改善。一定要最到最好，不容有失！

10.3 一波三折才贏到的團體醫保
——變通的重要性

要接觸公司客戶，一般會透過強積金、勞保或是團體醫療保險。但如果遇上強積金計劃行不通時，就要機靈地轉向銷售其他計劃。我的另一個客戶T，也是在一開始銷售強積金時遇到阻滯，最後幸好及時轉推團體醫保。這亦是我迄今為止最大的團體醫保保單。

我們團隊的其中一個Cold Call對象是上市公司，為免同事之間重複聯絡同一家公司，上司一般會指定同事Cold Call哪些上市公司。而我們則要運用自己的方法，包括網上搜尋、朋友介紹，甚至出席股東會等途徑，去取得公司的聯絡人資料。

我其中一家獲分派Cold Call的公司就是T公司，它是香港一家頗具知名度的上市公司，員工數目達1,000人。由於公司經常進行招聘活動，廣告中列出的查詢電話一般就是人事部電話。我抱着一試無妨的心態，直接打該電話找T公司人事部，嘗試問哪一位同事負責強積金。

結果出乎意料地順利，電話轉駁到同事U。我道明來意，碰巧他們公司有意轉換強積金計劃，有興趣了解我們公司的計劃。於是，我約好了簡介會時間，做好簡介文件，一切準備充足，整個簡介流程也預演了數遍，不見得有任何問題。簡介會當天我信心滿滿地到達T公司，準備在U面前介紹計劃。

不過，人生就是充滿各種不可預知的意外。當我以為這次Cold Call必定成功之際，U竟然說：「早前管理層開會後決定暫時沿用現有強積金服務供應商，短期內不作轉換，忘了通知你，浪費了你的時間準備這次簡介，實在不好意思！」

力挽狂瀾　別輕言放棄

如果是因為公司計劃差，或是我自己準備不足、表現失準，失敗了我會接受，但如此死得不明不白，我絕不甘心。我嘗試作出最後挽救，說：「有沒有機會也聽聽我的介紹，聽完或許你們會改變決定。」

「因為上頭已經決定好了，這一兩年應該都不會轉了。」U 斬釘截鐵地說。

我確實失望到極點，但還未想放棄，轉推團體保險：「你們公司正在用哪家公司的團體保險？我們公司除強積金計劃做得出色，團隊醫療都是數一數二的，有沒有機會向你們介紹？」

「都可以聽聽。但負責團體保險的不是我，是另一位同事，我介紹他給你認識吧。」可能 U 對我有點愧疚，想做些事補救，所以他馬上引薦我給他的同事 V，並替我說好話。

「V，這是 XX 保險公司的 Alvin。本來是想找他介紹強積金計劃，但老闆已決定沿用現有供應商。他們公司的團體保險做得不錯，不如你安排一個時間，聽聽他介紹。」U 說。

準備不足　輸了一仗

有人引薦特別順利，我與 V 約定下星期會面，然後回公司再準備團體保險計劃書。可能是太順利的緣故，加上這段時間正跟進其他客戶，工作太忙之下沒太多時間準備。這份計劃書的內容與T公司現有的團體保險計劃大致相同，不過價錢較便宜，我實行以平價取勝。

到簡介會當天，我在V面前介紹了一次計劃書內容，V聽完後只淡淡地說：「你的計劃除了便宜一點外，似乎沒甚麼特別，能省下的錢亦不太多。與其大費周章轉換計劃，我還是繼續沿用現有計劃吧。」

這次真的輸得無話可說，難得一次寶貴的見面機會，我竟然輸在準備不足！雖然今次失敗了，但我馬上為自己鋪下明年的路：「不好意思，今次準備時間有點倉促，只有一星期時間。經過這次之後，我對你們公司的認識加深了，能否明年給我一次機會？我會用更多時間，準備一份令你們滿意的計劃書。」

深入分析　計劃切合客戶所需

V未有即時拒絕。我在這一年間不斷與V保持聯繫，整份計劃書也作了翻天覆地的改變。這次我分析了對手公司計劃的弱點，為T公司度身設計了一個團體保險計劃。我留意到T公司的團體索償率長年高企，主因是員工濫用，長此下去，五至十年後保費會變得相當昂貴。所以，我預備的計劃書中重點針對公司的賠償情況，藉以降低員工濫用團體醫療的比率。

在簡介會當天，我運用各種數據去解釋索償比率的重要性，我說：「雖然我的計劃目前的價格較你現在的計劃貴一點，但長遠下去索償比率會下跌，保費會較對手公司便宜。亦因為索償比率低，未來會有更多條件跟保險公司爭取更好的保障待遇。」

我甚至在計劃書上花上不少心思，用了前美國總統奧巴馬的格言 Change 作結尾：「如果繼續保持不變，八年後保費會上升不少，但保障卻沒有增加過。只有現在改變，才可扭轉這個困局。」在充分的數據分析下，加上切合 T 公司的需要，我最終贏得了這張團體醫療保單。

這個個案想帶出兩個訊息：第一，Cold Call 機會絕不能輕易放棄，如果此路不通，要嘗試開通第二條路；第二，每一次獲得介紹計劃的機會，都必須事前做足準備工夫，不能馬虎了事。一定要抱着為客戶帶來價值的心態去準備計劃書，當客戶感受到你的用心，必定會採納你的意見。

COLD CALL 貼士

1. 要接觸公司客，強積金、勞保及團體保險都是良好的敲門磚。
2. 要靈活變通。當客戶拒絕了你一個計劃，你可轉向推銷第二個保險計劃，馬上補位。
3. 公司的勞保及團體保險需要每年續保，今年不成功，就要為明年鋪好路，爭取下一年再次介紹計劃的機會。
4. 將對手計劃書複製一次，只打價格戰，不一定會成功。反而深入分析公司需要、了解對手計劃的弱點，才能一擊即中。

第 4 部分

電郵攻略篇

第 11 章

電郵行銷高手
黃鴻泰
Henry

自小於澳洲長大，精通英語及粵語，分別擁有生物科學學士學位及工商管理碩士學位。雖然從事保險理財行業短短 7 年，但已經四度榮獲百萬圓桌（MDRT）資格，並擁有自己的團隊。憑着自身最大的雙語優勢，以及對資訊科技的了解，透過電郵渠道開拓外籍專業人士保險市場，並以專業的態度深受眾多律師事務所、資產管理公司的信任。

聯絡 Henry

11.1 無悔放棄高薪厚職 加入保險前途更佳

我在 2014 年加入保險業，論年資不算特別長，託賴成績不俗，其中四年奪得 MDRT —— 一個每位理財顧問都夢寐以求的榮譽。

回顧我決定加入保險業時，很多朋友都覺得我太衝動，甚至是錯誤的決定。因為我之前是一家國際雜誌社的前線銷售員，當時月薪達到 8 萬至 9 萬元，工作安穩，在很多人眼中屬於優差。我在這家雜誌社也安逸地渡過了十個年頭。

但有一天我返回公司時，碰到一位年約 50 歲的同事。他是公司的老臣子，但他的工作跟我一模一樣，每天都與金融機構、律師行、政府部門等接洽，看他們有沒有興趣在雜誌上做一些特刊文章，然後跟進製作流程。

當天我跟同事閒聊一會後，他轉身離開公司去見客。我看着他的背影，突然覺得現在的他就是十年後的我。每天做着「倒模式」的工作，事業只有橫向發展，有種高不成、低不就的感覺。我現在只有 30 多歲，實在不想就此渡過餘生。我想在事業上有所突破，想嘗試新的事物，於是便萌生了辭職的念頭。

善用 SWOT 分析個人優勢弱點

轉工，可以轉甚麼行業呢？我思考自己有沒有一些特別技能，可以應用在其他行業。我用市場學常用的 SWOT 分析法，找出我的強項和弱項。我最大的優勢就是語言，包括英語及粵語，因為我自小在澳洲長大及讀書，能説流利的英語。但可以在哪個行業發展呢？

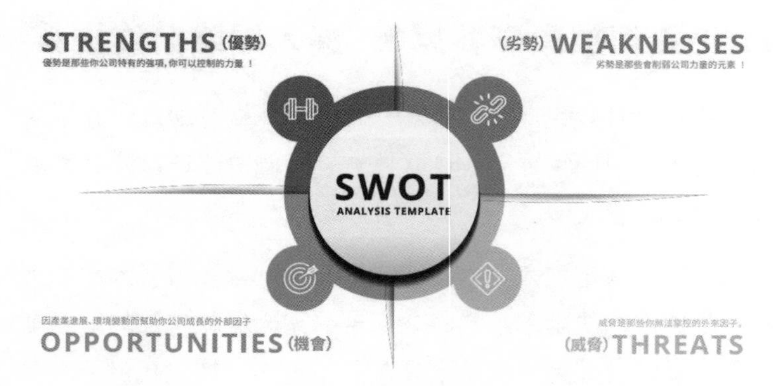

◆ 運用市場學的 SWOT，找出自己的優勢及弱點，從而發掘機會。

某天與一位保險業朋友吃飯，了解到香港保險業極有前景。我忽發奇想，或許可以向外國人推銷保險計劃。因為香港有不少外籍人士到來工作及生活，但能用英語解釋保單條款、索償流程的理財顧問不多，而我過往在雜誌社工作，接觸的大部分客戶都是外國人，有些更是大律師、基金經理、公司財務總監等專業人士，而我面對他們絕不怯場。這個外籍專業人士的保險市場，或許是我人生重大的機遇。於是我便毅然辭退雜誌社的高薪厚職，加入了保險行業。

入行後，我最初都是做 Warm Call 為主，積極約朋友傾保單。其實我的見客量絕對不少，三個月已跟超過 100 個人講解保險計劃，但我要到第三個月才成功簽到單。

雖然成績不太理想，但我未有後悔，反而積極檢討。因為我在外國讀書及生活，人脈不及土生土長的香港人，而且跟朋友閒話家常、風花雪月一番還可以，一談到要替他們做財務計劃，很多都不太願意，加上我又不擅於硬銷，所以首三個月做得頗為辛苦。

而且，這三個月我也幾乎用盡 Warm Call 的朋友名單，客源開始不足，也是時候另覓出路，於是便開始思考 Cold Call 的可能性。

開拓外籍專業人士 Cold Call 市場

我回想入行前做的 SWOT 分析，想起我其中一個優勢就是之前做雜誌社時，接觸過很多律師行及基金公司，而這些公司內又有不少外籍專業人士，或許可以開拓這個 Cold Call 市場，於是便開始研究 Cold Call 的可行性。我跟上司商討後，最後將 Cold Call 目標鎖定在律師市場，主要透過電郵做 Cold Call。下一篇文章會重點解釋為何及如何用電郵做 Cold Call。

我轉型做 Cold Call 之後，生意馬上好轉。在我發出電郵之後三至四天，我就收到第一個回覆，那種興奮難以言喻，給了我很大的鼓勵，支持我繼續走保險業的路。靠着 Cold Call 的客源，我於 2016 年至 2018 年連續三年奪得 MDRT 資格。現在再加上客戶轉介，我的收入比從前更多，證明當年我辭職的決定沒有錯。

很多人説，做保險必須有大量人脈關係，才可以做得出色，其實並非必然。了解自己的優勢後，只要找對方法，成功開拓 Cold Call 市場，一樣也有出頭天。

11.2 電郵 Cold Call 秘技——成功打開律師市場

我加入保險業前在國際雜誌社做前線銷售員，當時經常要自行聯絡基金公司、銀行、律師行、政府部門等機構，看看他們有沒有興趣在雜誌刊登廣告，嚴格來説都算是 Cold Call。可是當我嘗試把相同方法套用在保險 Cold Call 上，卻發現並不完全可行。

舉基金公司為例，雖然我可以在香港投資基金公會找到各個基金經理的聯絡電話，但很多時基金公司的接線生都會把電話攔下，故很難與 Cold Call 目標直接對話。反而律師容易接觸得多，因為律師樓一般會將旗下的律師資料，包括姓名、電話號碼、電郵地址等都列在網頁上，一目了然。

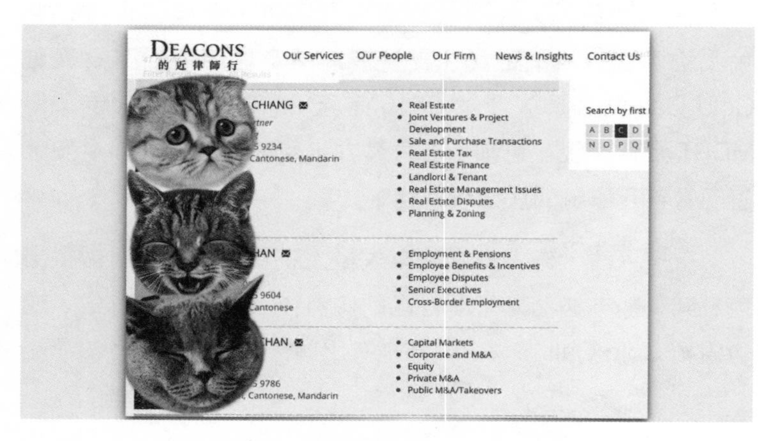

◆ 律師樓的網頁會詳列律師的聯絡資料。

事實上，香港有不少大規模的律師樓，當中隨時有多達300名律師。而且他們有不同專業，有些專責處理金融及投資的法律事務，有些處理物業買賣，有些處理商業，有些則處理個人或家庭事務，還有一些主打刑事案件。單是這個市場，已經有很多 Cold Call 的目標。

本地顧問少接觸外籍律師

最重要是，很多律師都屬於高薪一族，其中以從事金融法律事務者賺得最多。他們不少是外籍人士，本身雖然對保險有基本認識，不抗拒理財顧問，可是平時極少有本地顧問接觸他們，沒有人向他們解釋本地的保險計劃。這反而成了我的機會，因此我鎖定這個目標市場，專門 Cold Call 香港的外籍律師。

我選擇用電郵去做律師 Cold Call，因為凡律師都有一個職業病，就是必定會檢查電郵。由於他們大部分的文件都靠電郵來往，他們深怕錯失某封電郵會影響工作，所以必定會開啟每一封電郵。反而電話則未必會接聽，尤其他們工作繁忙時，一接到 Cold Call 電話便會馬上掛線。

我與上司商討後，都覺得這條路可行，於是草擬了一個 Cold Call 的電郵範本，然後用電郵系統廣發出去。以下是我發出的電郵範本：

Dear XXX,

My name is Henry Wong from ABC Insurance Co. I obtained your details from XXXXXXX as well as your corporate website — XXXXXXXXX.

As you may know, most professionals such as yourself have work medical coverage but some of the issues that are trending around this area involve:

- Limits of existing work coverage
- Changing between jobs or going to a company with coverage that has less benefits
- Children/Dependents having a max coverage of up to age 24 if they are full-time student
- Retiring may also affect your decision on whether having a personal top-up medical plan is necessary.

If the above affects you, it would be great to discuss it in more details and it would only take 15-30 mins of your time. Would you be available this week or next to meet?

I look forward to answering your questions and/or concerns.

Best Regards,

Henry

用電郵系統廣發訊息

Cold Call 電郵的重點是要簡潔，內容必須與他們的切身利益有關。所以，我運用醫療保障作為切入點，例如：轉工時團體醫療保障有機會減少、退休時未必有醫療保障等，以引起他們的注意，並思考自己的醫療保障是否足夠。如他們有興趣再約出來見面詳談。

Cold Call 要以量取勝，所以我將上述範本，透過電郵系統廣發出去。因為電郵系統可以在 Excel 匯入姓名及電郵資料，然後逐封電郵發送，省下我不少時間。

我每天會發送 50 至 60 封電郵，由於一次過發太多電郵，系統會不勝負荷，而且很容易被列為垃圾電郵，所以一星期大約只可發 300 封左右。另外，要注意的是，一定要用公司電郵地址發出電郵，一來我們是代表公司做 Cold Call，二來我們還未跟律師建立信任關係，他們會相信保險公司多於我們個人。如果大家利用不知名的個人電郵做 Cold Call，很多時不會獲回覆。

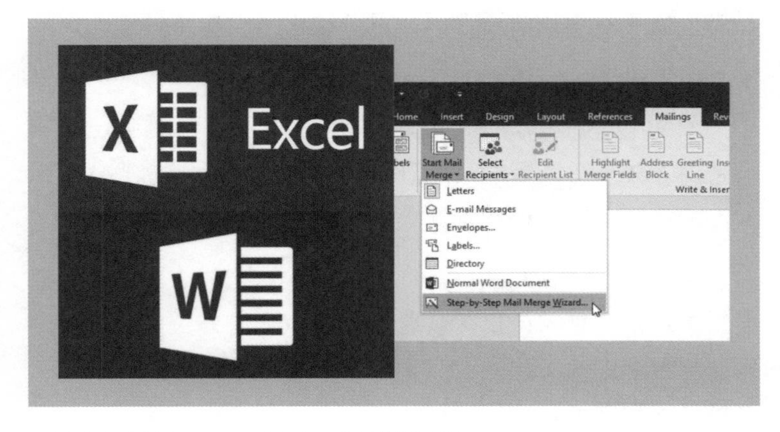

◆ 用電郵系統匯入 Excel 的聯絡，然後廣發電郵。

我發出電郵後，如果沒有回覆，通常兩天後會再多發一個簡短電郵跟進，內容大致是：

Hi, XXXXX,

May I kindly follow up on the below?

Thank you.

然後會附上上一次發送的電郵副本。假如第二次電郵也沒有回音，這個人就會從我的聯絡名單中移除。

想不到電郵 Cold Call 這招十分有效，在開始後大約三至四天已收到回覆。我其中一位客戶 W 就是由電郵 Cold Call 而來的。

12 萬佣金的 Cold Call 大單

W 收到我的電郵後，第二天便透過電郵回覆，約我見面。他是一位外籍律師，在香港工作已有一段時間，正準備結婚。他本身對保險有一定認識，所以我不用解釋太多保險概念，單刀直入便介紹計劃。

原來 W 的母親於 59 歲時因為腦退化過身，他自己也擔心遺傳，於是想購買危疾計劃。我為他預備了一份 100 萬元保額的保單。簽單過程相當順利，W 也沒太多異議。

這是我第一張 Cold Call 大單，佣金達到 12 萬元，能簽成當然相當興奮。可是天意總愛弄人，W 因為母親的病歷，影響保單的批核，保險公司拒絕其申請。我的心馬上一沉，急忙找上司幫忙解決。

後來上司向公司核保部門了解後，只需客戶補交醫療文件便有望批核保單。我記得那天是 12 月 31 日大除夕，剛結婚不久的 W 正在馬爾代夫渡蜜月，本來不好意思打擾他，但這天也是公司截數日，如果他這張保單能趕及這天批核，我便可達到當年的 MDRT 要求，故唯有硬着頭皮發訊息請 W 補交文件。

人生第一個 MDRT

想不到 W 身在外地也十分願意協助。他馬上請他的家人幫忙找出文件，及時在當天發送給我，最終這張保單成功獲批，我也因而奪得人生中第一個 MDRT！

W 同時得到他想要的保障。他因為這張失而復得的保單，對我的專業更加信任，事隔一個月又再替他新婚的太太購買同一個危疾計劃，保額相同。其後他的子女出生，要購買完整保障計劃，以及他後來自立門戶開公司時需要購買團體醫療，都是找我幫忙。此外，他更介紹他的生意拍檔給我。我認識他至今七年，他仍然源源不絕轉介客戶給我。屈指一算，W 最少為我帶來 30 萬元佣金收入，成為我入行以來最難得的客戶。

根據行業統計，Cold Call 的成功率雖然大約只有 2%，但我採用電郵 Cold Call 專攻律師市場，成功率提高到 6% 至 7%，即 100 人中有六至七人可以簽到單。可以看到，只要大家鎖定明確目標，用對方法，成功並不困難。

COLD CALL 貼士

1. 電郵必須簡潔，不能長篇大論，而且內容要與目標受眾有切身關係，能引起他們對保險的需求。
2. 必須用公司電郵地址發送。
3. 善用電郵系統做廣發，但要注意發送數量，太多電郵或會造成系統負荷過重，甚至會被視為垃圾電郵。
4. 發送電郵後如沒有回覆，要再發電郵跟進。如果第二封電郵也沒有回應，就可將聯絡人刪除。

11.3 用專業贏得律師信任

雖然我主打外籍律師市場，但也有香港地區及內地律師客戶。可能保險在歐美甚為流行，外籍人士對保險已有基本概念，所以很多海外律師都不會抗拒理財顧問。只要解釋清楚保單條款，切合他們的需求，一般可以順利簽單。反而香港地區及內地律師會提出很多問題，有些是針對計劃的，有些則是針對理財顧問個人的，必須有耐性逐一解答。

我其中一個由 Cold Call 而來的客戶 Y，是一家律師樓的初級助理，十分年輕而且有責任感。他家中只有祖母一位親人，所以他十分愛護祖母，擔心如果自己有任何意外，祖母便沒人照顧，於是急切想買保險。但礙於工作繁忙，他無暇找理財顧問，剛巧看到我的 Cold Call 電郵，便主動邀約我見面。

雖然 Y 已有強烈購買保險的意慾，但他為人一絲不苟，對於每一種保險的功能、計劃保障範圍、有何不保事項，他都要知道得一清二楚。所以第一次見面，我花了很長時間解釋。

授人以魚不如授人以漁

不少客戶都喜歡貨比三家，Y 也一樣，他也有聽過其他同行的計劃，會請我比較箇中優劣。如果客戶知道是甚麼計劃，我當然可以替他們比較，但很多時他們都不太清楚，連計劃名稱都說不出來。老實說，相信沒有一個理財顧問可認識全香港所有保險計劃的詳情，所以最好的辦法就是教客人如何挑選保險計劃，讓他們自行比較，所謂「授人以魚不如授人以漁」，如此他們會更加信任你的專業。

經過與 Y 四次會面、兩次電郵交流後，我拆解了他所有疑問，整個過程大約花了三、四星期。其中他最關心的，是他年資尚淺，人工不高，供款有點吃力。我提議他將部分資金轉買定期危疾，到他有財務實力時才轉為儲蓄危疾。經過一番解釋後，他最後接納了我的意見，買了四張保單，包括：一張 100 萬港元保額的人壽、一張 50 萬元危疾再加 50 萬元定期危疾，一張 50 萬元意外，以及一張醫療保單。這四張保單替他建立了一個全面的保障圈。

一般來說，我會請已簽單的客戶介紹其他朋友給我認識。我知道很多同業都不好意思開口索取轉介，而 Cold Call 客戶因為與我們不熟，更難啟齒。但我相信，Cold Call 客戶願意跟我簽單，必定相信我的專業，也信任我的為人，所以我不怕開口。

我通常會說：「我們理財顧問必須自己找客戶，我做 Cold Call 主要在網頁找你們的聯絡，逐個發送電郵，每星期約 300 封。所以，如果你滿意我的服務，也希望能介紹我給你身邊的朋友。」客戶一般都會體諒我們的工作性質，替我們留意身邊人有沒有保險需要。

我的努力並沒有白費，一年後我收到一封來自內地的電郵，她是 Z，是一位內地律師。原來是 Y 將我的聯絡轉介了給她，她想買香港地區的保險計劃，只欠一個可信賴的理財顧問。Z 從 Y 口中知道我對保險具有專業知識，能給予客觀而且實用的意見，因此取了我的電郵聯絡。

Z 為人小心翼翼，她在第一封電郵並未談及任何保險之事，反而要求核實我的身份。其實我已用公司電郵地址跟她聯絡，但她仍不放心，要我提供其他身份證明。礙於香港的保險條例，我不能將我的名片發送給境外人士，只好請她到保監會的網頁，用我的姓名及資料核實我的身份。我甚至將我的身份證及回鄉證副本發送給他，讓她確認姓名無誤。

Z 看到我連最私人的證件也拿出來，終於信任我的身份，答應來香港詳談保單。我在星期二第一次收到 Z 的電郵，星期四她便抵達香港，她更是懷着身孕來到我的公司，可見她如何心切的想買保險保障。

見客如見工

在開始對話的首半個小時，Z 繼續詢問了很多關於我過去的問題：「你在這一行做了多久？」、「之前你做的是甚麼工作？」、「你的團隊有多少人？」過程猶如見工面試。但我沒有生厭，反而一一解答，因為我知道客人注重保險產品的同時，也關心保險代理的背景，要知道他是否可信、可靠的人，又會否一直跟進她的保單。

Z 來找我之前，我其實已經做了很多功課，知道她要買甚麼保險計劃。所以當她信任我及我的公司後，我便馬上跳到保單計劃，毋須再講解保單概念。

可能由於她是律師，平常看慣文件，我雖然已把計劃向她解釋了一遍，但她仍要求重看一次保單條款。我馬上把保單列印出來，讓她逐條仔細看過。然後，她再查詢各種保單細節，例如怎樣交保費、要怎樣開銀行戶口、退保時怎樣取錢、賠償時有何步驟、保證及非保證回報怎樣區分等。所有問題都問得很仔細。

由於我能逐一回覆問題並給她滿意的答案，這張單最終順利地簽成，那是一張 10 萬美元保額的多重危疾計劃。不久她丈夫來到香港，也跟我再買一份相同的保單。

事實上，第一次見面的 Cold Call 客戶，對我們的了解有限，在與我們見面前，信任的只是公司品牌。在未與客戶建立信任關係下，只有用我們的專業知識去補救。如果在初次見面便已充分展示我們對保險的認識，而且能迅速及詳細地解答客戶的所有問題，他們便會對你有信心，跟你簽單之餘，更會介紹客人給你。

COLD CALL 貼士

1. 由於 Cold Call 客戶不認識我們，與我們見面只因我們的專業，所以與客戶會面前必須準備充足，對計劃有充分認識，並要即時解答客戶的疑問，那麼他們對你的信任度才會增加。

2. 要信任你的客戶。由於 Z 是由我的客戶 Y 介紹，我信任 Y，因此也毫無保留地把自己的資料給 Z 看，最後取得對方的信任。

3. 主動向客戶索取轉介時，語氣及態度要誠懇，可將自己工作的狀況如實告訴客戶，他們明白你的處境，也會儘量提供協助。

第 5 部分

生活攻略篇

第 12 章

A Reverse Thinker
黃思恩
Henry

沒有亮麗學位的 60 後，1992 年投身財務策劃行業，現職某大保險公司區域經理。獲得 24 年 MDRT 的 Henry 除了在業界屢獲殊榮外，也醉心詩詞歌賦、音樂、寫作、哲學，並深受老子學説和《易經》啟發。自創 IDEO 逆向思維邏輯，並以「逆根經」名號發表文字作品。曾撰寫過樂評和專欄、當過歌手宣傳及推廣、從事過活動及製作、辦過課程也講過學。開辦「思想事業集團」，發展全方位文化及音樂娛樂業務。無論在音樂界或財策界，均活躍於前線，務實地進行跨界別發展。人生座右銘是：「閒到白頭真是拙，醉逢青眼不知狂」。

12.1 Cold Call 第一誡 離不開意外

從小到大，我對保險的概念既陌生又沒有好感。中學畢業後，我開始踏足社會，收入微薄，最討厭的事，莫過於遇上理財顧問向我推銷保險計劃，令我非常反感。所以，每逢有理財顧問走近，過不了三句，便被我打發離場。

還記得第一份工作在廣告公司上班，初出茅廬的我，當然是由練習生做起。由於公司是集團附屬機構，有員工醫療保險福利，這也是我第一次擁有保險的體驗，心想：「原來只要在大公司工作，便有免費保險保障，超好！」

Cold Call 無處不在 投保是遲早的事

「人無遠慮，必有近憂。」這句名言確實有點影響力。在1990 年生日前，我遇上她。當時的我，正值從意興闌珊的音樂圈回歸平淡，轉投另一行業 —— 到一家過萬呎的唱片店任職經理。我每天就待在店內等候客人來選購心愛唱片，而她就常來探訪我，當然她每次的話題都離不開兩個字：「保險」。

有一次她問我：「沒有人需要你照顧嗎？」

我說：「沒有，我只需要照顧自己。」

她續問：「你自己照顧自己，如果有甚麼病痛或意外，誰來照顧你呢？」

當年獨來獨往的我，絕少會思考這種問題，更何況年輕人喜好太多，哪有多餘閒錢可以儲蓄呢？她再補充一句：「萬一你有事，你的父母怎樣好呢？」原來無論 Cold Call 或 Warm Call，只需說中關鍵一句，誰都避不過，所以投保乃

◆ Henry 與他當年的理財顧問，今天的老闆娘 Emily 合照。

是遲早的事。最終我成為了她的客戶，而她也成為我第一份保單的理財顧問。她就是我今天保險事業上的老闆娘 Emily。

在意外發生之前 仍對保險存疑

投保約兩年後，我在 1992 年農曆年初一凌晨，在回家駕駛途中因為太累而睡着了，在屯門公路發生交通意外。當時我的車四輪朝天，玻璃碎片及車身一些部分散落公路四周，這些都是事後我跟警員錄取口供時他告訴我的。我醒來時已經是三天後的年初三了。我整個頭部及面部都像木乃衣一樣，白色的繃帶把我包得密密實實，右腳踝腫脹發紫，還有一些部位的小傷。整個人動彈不得躺在病牀上，接受治療。

當時我心想：「今次不是有機會看看我的保險，是否真的可獲賠償嗎？」我住進醫院 10 天，出院後 Emily 找了一位私家醫生替我繼續治療。門診加物理治療診費合共花了

5,150 元，當然還有一些意外受傷休假。在處理理賠時，我並沒有告訴她我有記錄我用了多少費用。後來賠償支票出來了，撇除意外受傷休假入息和政府住院費用，私家醫生診費就賠償了 5,149.98 元，因美元匯率出現 0.02 元差額。自此之後，我便對保險深信不疑。回想之前我認為保險是騙人的，是完全錯誤的觀念。後來，我也介紹了爸爸和當時的女朋友找她投保。我跟 Emily 也成為了好朋友。

因一次交通意外 成就了我的事業

這次交通意外讓我徹底相信保險，加上 Emily 多番游説，任職的公司又打算結業，在多重因素下，我接受了她的邀請，於 1992 年 8 月 1 日正式開展我的保險事業。入行後，Cold Call 是我不可或缺的業務模式。試問我們認識的人多？還是不認識的人更多呢？曾聽過一位前輩分享：「世上最大的保險市場，就是陌生人市場（World Without Strangers）。」

自問是個沒有亮麗學位的 60 後，文憑學歷、各種殊榮（24 年 MDRT、IDA、IQA、QAA、FLA）、專業資格（AFP、RFP、RFC、BIC）都是在這 20 多年的保險事業發展過程中取得的。而最令我感到欣慰的，卻是由不認識到認識，再到成為朋友的數千位保單客戶。他們不僅讓我擁有自己的事業，還助我提升個人素質、品德與修養。

如果今天你正處於人生谷底，又或者站在高峰，相信你最不介意的，就是認識更多你不認識的人，並與他們成為朋友和知己，甚至成為客戶和人生夥伴。拉闊你的人生圈子，讓不同階層和類別的人跟你意外地遇上吧。

12.2 人生無處不 Cold Call 拼桌商機多

在我的工作習慣中，有一個獨特的模式，就是把保險生活化，即隨時隨地都可以見 Call，而隨機探訪更是習以為常。在入行三年左右的時候，我記得有一宗保險業務是這樣成功得來的。

在香港找地方飲早茶或吃午飯，很多時候都需要拼桌（俗稱搭枱）。這也是我在保險行業起步階段時，時常解決午飯的方法。我的拼桌 Cold Call 經驗，也是這樣累積回來的。

只要有禮貌 Cold Call 都可當 Friend Call 見

有一次，我到經常消費的茶餐廳午飯，由於正值黃金時間，我這種獨自午飯的人又怎可能不拼桌呢！就這樣，我跟一位年輕少艾拼桌。甫坐下，彼此對望了一眼，我回了一個微笑，便跟走過來的侍應哥哥如常下單：「麻煩你，照舊……」話畢，那位拼桌的她再看了我一眼，展露出一副莫名奇妙的表情，好像是想問我「照舊」是哪個午餐牌內的選擇。我見狀，便自然而然跟她搭起訕：「不好意思，我是否聲音太吵耳，影響到你？」

她說：「沒有，我只是覺得你下單說得有點有趣！」

我說：「我常來的，挺熟！之前好像沒有在這裏見過妳，妳在附近上班嗎？」

她答道：「我在樓上上班的，今天是第一天。」

我說：“Oh! I See.” 然後就順勢續說：「妳介意我問你一個私人問題嗎？」

怎知她即時回我：「哪方面呢？」

我就直接問：「妳有沒有想過買保險呢？」

怎知道我的問題令她面色一沉，她隨即回應我：「你做保險的嗎？」

我説：「是的！妳是否不喜歡跟做保險的人談話？」

她説：「又不是。但做保險的人，常常説得很深奧，我都聽不明白。」

我説：「哦！原來如此！」

説到這裏，不知道看官的你，認為事態會如何發展呢？

不經意的刻意 就會有商機

傾談了一會，我的「照舊」午餐端到桌上來：豆腐火腩飯加一杯凍檸茶少冰。她看到我的午餐已經準備就緒，便跟我説：「我也差不多要回公司上班了，下次再見吧！」

既然她説「下次再見吧！」我就不經意地回她一句：「就明天早上八點早餐吧！」怎知她隨口回答：「好吧！」

就這樣不足一小時的一頓拼桌午飯相遇，商機就此展開了。

不知為何，在工作順利的時候，時間過得特別急速，很快我和她又在老地方（同一茶餐廳）見面，就是在翌日早上八時正。由於她上班時間是九時半，所以我們有個多小時邊吃邊談。

我問她：「妳覺得保險最難理解是在哪方面呢？」

她說：「就是沒事沒幹也要付錢，好不划算。同時也不知道保費怎樣計算，挺貴呢！」

我聽後明白了，原來她並不是抗拒保險，只是不太明白保險是甚麼。知道她的疑難後，我就跟她分享了一個「黃大仙拜神」的短篇故事。她聽後立即告訴我：「麻煩你幫我做一份你建議的全保計劃！受益人就寫我爸爸和媽媽，各人一半吧！」

逆向思維看划算 同理心決定平貴

在香港，相信沒人不認識黃大仙吧！每天到黃大仙廟添香油的善信，十居其九都是來求平安的。只要平安，添多少香油錢都在所不計，那理它划算不划算。但話說回來，能前往黃大仙廟求平安的善信，他們都不是平平安安地進入廟內嗎？然後放下香油錢，求個平安後，再平平安安走出來嗎？那麼，這些香油錢不就是保「平安」這險種的保費嗎？划算嗎？

保「平安」添香油錢就能解決了，那麼人生的「不平安」又有哪位仙人來保呢？如果有，這位能保「不平安」的仙人，是否單靠添香油錢就能奏效呢？如果不是，那麼這位仙人的保費又如何計算出來呢？如果用保險來保「不平安」，保費率有精算師計算出來，有板有眼，不會坐地起價，但如果又要找多一位仙人，那位仙人可能給你的答案是：「施主，隨心吧！」

人生，根本就是一場 Cold Call 的感召

事隔 20 多年，當天的年輕少艾，如今已貴為人母，育有一子一女，有一個幸福的家庭。她也從一位職場女性，轉變為一位相夫教子的賢內座。今天，我對當天跟她認識的過程仍歷歷在目，證明了人生中一個事實：就是我們由出生那天開始，從無到有，一切都是 Cold Call 無處不在的感召。

12.3 Cold Call 最需要的並非勇氣，而是意外

一切的 Cold Call，都不能缺少意外的成分。

這宗意外於 2002 年年中發生。在一個陽光明媚的下午，於一個四線交匯的迴旋處，我因來不及剎車，撞向前車車尾，Boom 的一聲巨響，雙方都把車輛停了下來，按下死火燈。然後我下車走向前車的司機位置，看看有沒有人受傷。走近司機位置時，只看到司機一個人 —— 一位說英語的華人。

我見狀隨即跟他說："Calm down. Don't worry, HKID and driving license please." 怎料他很配合，立即拿出證件給我看。我看了一眼後便把證件還回給他，並示意他和我一起走到他車尾碰撞的位置，看看損毀情況。

未幾，我從口袋裏拿出一張名片給他，說："Sir, don't worry. I'm an insurance manager. Please keep my business card and I will take care of your car. Would you mind to give me your contact number? I will give you a call tomorrow." 話畢，他就給了我一張名片，上面印着某某著名國際品牌珠寶公司的 Managing Director（下稱 MD）。他說可聯絡他的行政秘書跟進維修一事，然後大家就各自離開意外事故現場。當時我心裏想：莫非交通意外也能遇上貴人？

抽絲剝繭的跟進 無一遺漏

翌日早上，我遵守承諾，致電 MD 的行政秘書。首先自我介紹，然後敘述昨天跟她老闆的座駕發生交通意外的細

節，並告知她我承擔責任的方案，內容包括我會替 MD 的座駕進行維修，並同時在維修期間，租用一輛同型號的私家車給 MD 使用。之後她便通知 MD 的私人司機與我聯絡，安排將車輛送到車房維修，然後再去租車公司拿取我事前安排好的私家車接載 MD。約兩星期後座駕維修好，我便通知 MD 的私人司機還車給租車公司，並通知車房將維修好的車輛開回指定地點，交回給 MD 的司機。

有求必應的力量 重視高效的回應

我在兩星期裏的緊密式服務跟進，原來 MD 一直看在眼內，加上那位秘書配合，不斷跟 MD 匯報進度，MD 對於我的態度和效率非常滿意。適逢公司的團險計劃續保期將至，秘書致電我，問我有否處理團險計劃的業務。我在電話裏回答：「團險計劃也是我的主要業務之一。」她聽後便約我翌日到公司跟她商討，我的回覆當然只有一個，就是 YES！

由第一版建議方案開始，直至最後被接納的一版方案，果真是過五關斬六將，最終經過七次修改才塵埃落定。做過團險計劃業務的朋友都該知道，保費每一口價調整，可以説有「來回地獄又折返人間」的感覺，好不容易經歷。頭五口價都壯烈犧牲得非常爽快，而客戶拒絕接受的主要原因，是報價超出其公司預算，加上其他競爭對手的價格戰策略，我們價低，他們更低。對於每一口價，我只有一、兩天時間跟團險部門內部同事溝通，其中必須用盡九牛二虎之力，才能爭取到更亮麗、更令客戶心動的保費率。秘書差不多每隔三、四小時，便來短訊或來電追問價格調整的進度。我有時候心情也非常焦急和緊張，擔心她會因為保費率不合心意，而找了別家投保，那就前功盡廢了。

我就是抱着永不言棄的信念，每天十次八次來回聯繫溝通，秘書終於感受到我的認真和誠意。不過，她仍然跟我説，保費價格仍未到位，但又不想調低保障利益來遷就保費率。到了第六口價的時候，她對我說：「這個保費水平較接近，可否再下調 5% 呢？」最後我跟公司的 Underwriter 商討後，這 5% 就由我的酬報中扣減吧！

這一宗因交通意外而來的 Cold Call 團險業務，令我相信只要認真回應客戶的每一個要求，無論你面對幾多困難，只要緊守崗位、堅持到底，必會遇見勝利。隨後舉辦了十多場 Worksite Marketing Workshop 以及 Benefits Briefing Sessions，我在首年內透過多場團險保障講解會，成功促成 20 多份個人新保單業務，已超越一個 MDRT 的資格。

Cold Call 不單是意料之外 還有可見證生死的善緣

這次 Cold Call 帶來的業務，除了業績，也有很多細緻難忘的服務經驗，而這些都是鞏固業務的重要元素。在七年的服務期內，我分別處理了兩位員工的身故賠償，其中一位員工，我更與他的姐姐在最後一刻伴在病牀旁，二人分別握着他的手，看着心跳檢測機停頓，並看着他安詳地離開。此情此景，實在是一份見證生死的善緣。

今天，雖然這份團險計劃已經交回美國總公司統一安排，但過去額外投保的員工，大部分都成了我的 COI (Centre of Influence)。這種由 Cold Call 引伸出來的商機，就是它最吸引理財顧問的一點。

COLD CALL 貼士

心法 14 招

1. 所有 Cold Call 都並非早有預謀的。
2. Cold Call 的發生離不開意外。
3. 有禮貌的 Cold Call 最受歡迎。
4. 説話要簡潔到位，少説無謂的話。
5. 陌生人才是最大的客戶市場。
6. 先見人，後見客。
7. Cold Call 沒有心魔，只有心情。
8. Cold Call 重視高效回應。
9. 不經意的刻意，就會有生意。
10. 同理心助 Cold Call 變 Warm。
11. Cold Call 能創造更多善緣。
12. 講對方喜歡聽的，聽對方喜歡講的。
13. 有見過，沒見錯，如見錯，當沒見過。
14. Cold Call 無處不在，也無甚不可。

第 13 章

殿堂級營銷高手
林鉦瀚

Kanki

在保險業打滾逾 34 年，由一名樂手成功晉身為某大保險公司高級資深區域總監。憑着待人以誠及努力不懈的態度，多年來屢獲殊榮。入行首年已取得 MDRT 資格。此外，還有香港人壽保險經理協會（GAMA）及香港人壽保險從業員協會（LUA）等頒發的多個國際獎項，並有幸獲 GAMA 及 LUA 邀請成為演講嘉賓。考獲多個專業資格，包括：認證理財顧問師（CFC）、美國特許壽險經理（CIAM）等，同時為承傳與培育新一代作出重大貢獻。

聯絡 Kanki

13.1 入行首年即圓買樓夢
成功在於跨出第一步

我讀書時十分喜歡彈結他，想不到被人賞識，被邀請加入樂隊賺取外快。那時是 1978 年，當時我只有 18 歲，第一份工月薪 1,600 元，相比我的同學做文員暑期工只有 800 元月薪，我已經相當滿足。一個月後，另一隊名氣更大的樂隊邀請我加盟，人工更加到 3,000 元。

如是者，我畢業後順理成章當了樂隊樂手。1980 年代是香港娛樂圈最輝煌的日子，很多香港明星四出登台表演，必須樂隊伴奏。當時我的收入相當不俗，高峰時平均曾試過月入 3 萬元，就這樣一做便十年。

◆ Kanki 加入保險業前，是一名結他樂手。

危機感下轉行

到了約 1987 年，我開始意識到危機。當時卡拉 OK 大行其道，歌手只需帶一隻 CD 到現場播音樂，就可以取代樂隊伴奏。看到一些樂隊前輩失業後，我和太太也感覺到不安，再加上樂手工作日夜顛倒，夫妻見面少，於是她便乘機勸我轉行。

由於她是酒店宴會客戶部經理，人脈較廣，在她鋪橋搭路之下，我認識了現時的保險上司黃先生。我記得與黃先生初次見面是在中環置地廣場。他開一輛寶馬七系房車前來接我，然後載我到深灣遊艇會喝下午茶，晚上再到他位於渣甸山的豪宅吃晚飯。

名車我見過不少，在樂隊表演時也到過高級會所，但我做夢也沒想到有機會坐名車、在高級會所用餐，還拜訪別人的豪宅。

我好奇地問黃先生：「你做保險多久了？」

黃先生說：「13 年。」

我再問：「你的父母很有錢嗎？」

黃先生說：「他們只是普通打工仔。這些都是我做保險賺回來的。只要你努力，你也可以！」

那刻我相當激動。只是短短 13 年，黃先生便擁有這麼多。我當樂手 10 年，生活卻從未改善過。我與太太及父母一家住在唐樓九層，看到年老的父母回家時，走樓梯要休息三、四次，心裏絕不好過。

我與黃先生會面後，隨即浮起一個想法：假設自己超級努力做七年保險，能擁有黃先生十分之一的東西，我已心滿意足了。我可以馬上購買一個單位給父母過好生活。但如果我繼續打 Band，這夢想不知何時會實現。

黃先生這天不只向我介紹保險業，更帶我看將來的前景。我加入樂隊這麼久，從未有一個領班會這樣做。父親已經 60 多歲，我也 28 歲了，現在不變更待何時？於是我下定決心，在 1988 年加入保險理財顧問行列。

Warm Call 蜜月期過後

最初兩個月我很努力，按着黃先生教授的話術，第一個月簽了 8 張單，第二個月簽了 14 張，但到了第三個月首 10 天竟然「食白果」。其實，這是 Warm Call 常見的現象。願意幫你買保險的朋友，已經向你投保；其他情況的，短時間內也難以成交。

由於我入行時，父親極力反對我做保險，我只好向他承諾：「給我半年時間，做不好便返回樂隊。」時間無多，我必須在半年內做到成績，但呆坐辦公室也不是辦法。回想師兄、師姐説過，上司黃先生的綽號是「Cold Call 王子」，何不請他帶我做 Cold Call？一來會有生意，二來亦可從中偷師。

於是我走進黃先生的房間，天真地説出我的想法。豈料黃先生説：「你先簽 10 張單，當中要有 Cold Call 的，做到我就帶你出去。」甚麼！？這不等於叫我自己想辦法嗎？我無奈走回座位，愈想愈不忿氣：「你要我做 Cold Call，我就做給你看！」

當時公司在銅鑼灣，我便沿着軒尼詩道一直走到灣仔的大有商場附近，途經很多商店，但我卻不敢進內，總覺得每個人都像知道我的來意。我甚至連向理髮店內一個約 20 歲的年輕女孩開口也不太敢。

我就這樣虛渡了數小時，意識到不能再浪費時間了。不理了！閉上眼隨便走進一家店試試吧。我走進一家售賣女士長衫的店舖，店內坐着一位中年婦人，沒事幹在看報紙。我遞上名片，並一口氣介紹自己：「我的名字叫 Kanki，代表 XX 保險公司來的。今次想向你介紹一個個人入息保障計劃……」

女士聽完，隨即説：「我已買了。」

我瞪大眼回應：「你買了甚麼計劃？」

女士説：「五年派息一次的那種……」

我説：「你也知道得很清楚呀。你是何時買的？」

女士説：「剛剛上星期買的，也是你的同事進來我店。」

我説：「原來如此，那麼打攪了。」

踏出第一步非想像般難

我留下名片轉身步出店舖，那刻豁然開朗，因為我終於踏出 Cold Call 的第一步，原來跟陌生人説話也不是十分可怕。不過，如果我能早一星期踏出這一步，比那位同事更早接觸到這位女士，我就可以簽到她的保單。

之後我不再去想那麼多，每一家店都會進內探訪，自此便展開了我的 Cold Call 生涯。在 7 月餘下的 20 天，我竟簽了 20 張單，由 Cold Call 及伸延出來的保單也有 12 至 14 張之多。雖然我是 5 月入行，但第一年已簽了 88 張單。我在該年獲得新人獎，第二年上半年再簽了 130 張單，達到升職門檻。

◆ 加入保險業後平步青雲，榮升為高級資深區域總監。

收入嘛，入行首個月佣金雖然只得 9,000 多元，但理財顧問的收入是累積的，只要客戶不斷供款，下個月會繼續有收入；再加上新簽的單，後來每個月收入已十分可觀。另外，如果業績達標，公司會發一筆年終獎金。第一年我收了一張 20 萬元的支票，我就拿着這筆錢，購買了人生第一個物業，位於西灣河鯉景灣，當時樓價只是 98 萬元，20 萬元足夠支付按揭首期加上裝修費用有餘了。

當看到父母搬進這個單位，不用每天再走樓梯回家，我深信加入保險業的決定是正確的。

13.2 滿街都是客 醫務所陪診也能簽大單

很多同業做 Cold Call 也會選擇指定模式，例如打電話、掃商舖、掃工廈、掃學校，我最初做 Cold Call 也是以掃商舖為主。但日子久了，發現其實隨時隨地都可以做 Cold Call，甚至路過的陌生人也是潛在客戶，並不需要把自己局限在某時某地工作。招募新人亦如是，我的團隊中也不乏從 Cold Call 成功招聘者。

記得入行不久，我陪一位客人到診所做身體檢查，當時客人正在診症室內見醫生，我則在外跟護士處理資料文件。完成後，我轉身看到一位大約兩歲的男孩，獨自玩着玩具車。他的樣子十分可愛，有點像韓國人。我上前用英文跟他聊天，男孩雖然沒有回答我，卻跟我一起玩耍。

不久，男孩的母親由診症室走出來說：「強仔，走了。別阻着哥哥！」說罷指示工人帶男孩離開。當我聽到他的母親是說粵語，即代表她很大機會是本地人，不是韓國人，那就可能是我的潛在客戶了。眼見他們快要離開診所，時間無多，我想也不想便上前跟男孩的母親說：「你是阿強的媽媽吧？」

男孩的母親回應：「是啊！」

我說：「請問阿強的爸爸是否韓國人？」

男孩的母親說：「不是，他的爸爸姓陳。」

我說：「原來是陳太。請問強仔有甚麼病呀？」

陳太說：「你也看到他在流鼻涕。我也有點傷風，也不知道是誰傳染誰。不好意思，我趕時間。」

主動取聯絡　別呆等電話

陳太説完後已準備離開診所，我趕忙追到升降機前，遞上名片説：「我在 XX 保險公司工作，小朋友在這個時間特別容易生病，又容易跌倒受傷，加上快要入學讀書，要花不少錢。我們公司有個教育基金計劃，可以附加醫療保障，可否約一個時間跟妳講解一下？」

陳太拿着名片看了看，然後説：「好吧，我有需要時再打給你。」説罷升降機門打開，他們一家已經走進去了，我只好看着已關門的升降機發呆。我如果坐等陳太來電，做法相當被動，很大機會是白等。究竟有何方法主動出擊？

我慢慢走回診所，看到護士正在工作，想到診所必定會有陳太的聯絡，於是我問護士：「姑娘，剛才我跟陳太溝通過，她説想了解多一點保險計劃的內容，但因為趕時間，她只取了我的名片，忘了留電話號碼給我。不知妳是否方便把陳太的電話號碼給我？」

護士面有難色説：「這樣……」

我説：「我經常帶客人上來做身體驗查，妳都知我是一個老實人，只是一心想幫陳太及強仔。妳放心，我不會説是妳給我電話的。」

在 1980 年代初，香港社會還不太注重個人私隱，加上我當時又確實能説出陳太及強仔的名字，所以護士也樂意將電話交給我。那天晚上，我致電陳太，她接到電話後馬上大發雷霆説：「你是怎麼知道我的電話號碼的！」

由客戶角度出發

我說：「陳太，請妳冷靜一點，我稍後再告訴妳我如何取得妳的電話號碼。但我有更重要的事要跟妳說，就是妳小朋友的前途。小朋友要成材，必須由小時候開始計劃，這些都有賴父母及早安排……」

由於我是由陳太的角度出發，再解釋買保險的重要性，所以她由最初抗拒，到後來認同保險的重要性，並聽得入神，最後也忘了問我如何取得她的電話號碼。

我約了陳太第二天在醫務所旁的餐廳見面，準備詳細介紹計劃。原來強仔還有一個妹妹，最後陳太同意為兩名子女各購買一份儲蓄人壽加醫療的保單，但保額不大，醫療是最基本、入住大房的計劃，年供保費只是 3,000 多元，兩張單加起來不足 7,000 元。

其實陳太於又一邨居住，家中聘有工人，一看便知是富裕之家。不過，可能陳太是內地新移民，她的丈夫教她別輕易信任別人，怕她受騙，所以她雖然認同保險的作用，但始終不敢購買太多。我心想：凡事欲速則不達，太過急進反會惹人生厭，所以我先簽了這兩張細額的單，日後再看時機為陳太及兩名小朋友增加保障。

原本我打算最快在半年後便找陳太，誰知兩個月後，她竟然主動打電話來加單。她說丈夫要求他們全家人都要購買全面的保障，我當然歡迎，於是說：「既然要購買這麼多保單，是否方便跟妳先生見面詳談？」陳太隨即說：「不太方便，因為他患了肝癌，現正接受治療。」

丈夫建議加大保障

陳先生是一名香港地區的工業家，在內地有數家工廠，他為自己購買了一份定期人壽保險，但未有購買任何醫療計劃。他患上肝癌後，由於入住私家醫院病房，醫療開支相當龐大，他在那刻才意識到保險的重要性，但他已不能再買保險了。所以，當他知道太太已跟我購買了保險計劃，便建議她加大人壽的保額，並將醫療計劃升級至私家病房級別。

結果陳太及她兩名子女共三個人也有加單，每張單保費達到 10 多 20 萬元，三張保單合共超過 50 萬元保費。這在 30 年前是令人難以置信的事。

陳生努力接受治療，多活了接近十年，於 1990 年代去世。他的定期人壽計劃在 1970 年代購買，20 年間現金價值增加了接近 1.5 倍。陳太最後取得大約 300 萬元的保險賠償金，相對他們家族的總財產而言不算多，但亦不算少。不過，最重要是這令陳太對保險的作用加深了認識，她知道當親人去世時，如果碰巧遇上財困，這筆賠償金絕對是及時雨。

其後陳太再婚，家中又增添了兩名成員，也有再找我購買保險。另外，她們家族集團的公司團體保險、汽車保險等，也是透過我購買的，她是我其中一位重要的大客戶，我每年從中收取了不少保費佣金。

大家看到了，陳太只是我在診所內一個萍水相逢的人，當時如果我沒有主動跟其兒子玩耍、沒有上前跟她打招呼，又或是選擇被動地等陳太來電，很大可能錯失這個優質客戶。其實 Cold Call 機會無處不在，重點是大家有否積極主動，又是否有勇氣踏出接觸客戶的第一步。

COLD CALL 貼士

1. Cold Call 可以在任何時候、任何地點進行，無論在逛街購物、吃飯，甚至等候巴士，不妨多留意身邊有沒有潛在客戶，如果覺得合適便積極開口，或想辦法取得對方的聯絡方法。

2. 在接觸客戶時，要以對方的角度帶出保險的重要性。例如，如果對方有小朋友，便可從教育基金、兒童保障等出發；如果對話時得知對方家人曾患病，就可從醫療及危疾話題入手；如果對方是單身打工仔，便可帶出退休後的資金需要，藉此提起對方的興趣。

3. 約客人見面的地點，可以在進行 Cold Call 地點附近，因為大家在那裏遇上，想必對方也會經常前往該處，較熟悉當地環境，會面意慾也較高。

13.3 豪氣大牌檔老闆娘 一次過簽十張單

做 Cold Call 面對的是陌生人，很多人覺得對方跟你素未謀面，肯購買一張單已「還得神落」。但只要你取得對方信任，一次過簽十張單絕非天荒夜譚。在我入行第五個月，便有幸締造了這個紀錄。

話說當年我的上司黃先生正在與另一個團隊比拼，雙方各派出一名新人，看當月誰簽單較多，敗方的上司要請勝方所有人吃飯。對方所派的新人來頭不小，曾一個月簽到 20 至 30 張單。該新人已誇下海口，說在比賽中要簽到 25 張單。黃先生則指派了我出賽，給我的簽單目標數是 30 張。

我的心登時涼了一截。我入行首四個月，從未試過簽多過 25 張單，30 張單即平均每天要簽一張，如何做到？最糟糕的是，發起比賽時已經是 9 月 10 日，當時我只簽到 3 張單，換言之我要在餘下的 20 日裏再簽 27 張單。聽到這個數字，我連飯也吃不下，心裏不斷盤算如何能完成這個目標。

當天晚上我走到家樓下的粉麵大牌檔，坐下來點了一碗雲吞麵。我平日經常光顧這家麵檔，它日間很旺場，反而晚上客人少，生意較淡靜。這天晚上全店更只有我一個客人。老闆娘就站在檔口煮麵，她的子女坐在旁邊做功課，還有數名夥計在執拾枱面。

◆ 我家樓下的華記粉麵大牌檔。

眼前這碗麵我吃得特別慢，因為我正在想如何向老闆娘開口 Cold Call。此時，有兩位阿姨問老闆娘：「周太，妳標不標會（按：標會即民間一種小額信貸形式，具有收取利息及籌措資金的功能）？」周太說：「不標了，好像有人急需要錢，由他們標吧！」說罷兩位阿姨便離開了。

我突然靈機一觸，走到周太面前說：「老闆娘，埋單，多少錢？」

周太看看枱面說：「15 元。」

我把錢交給周太後，再問她：「剛才我聽到那兩位女士說做標會……」

周太以為我想做標會，搶着說：「我們不接受外人做的。」

我說：「那麼小朋友可以做標會嗎？」

周太說：「不可以。」

我取出名片遞給周太說：「其實我是 XX 保險公司的顧問，我不是要做標會，而是想跟妳談談小朋友的標會。我看到那邊有幾位小朋友坐着，都是妳的子女吧？他們十分生性，真替你高興。但小朋友容易生病或受傷，那時會急需一筆醫療費。加上將來他們讀書，花錢亦會愈來愈多，實在有需要為小朋友做標會。」

周太揮着手說：「走吧！我現在很忙，沒有時間。」

我說：「我知妳忙，妳哪個時間比較空閒，我再過來跟妳談談小朋友標會。妳也知道，做標會有被人夾帶私逃的風險，而保險公司標會，不但接受小朋友去標，而且相當穩陣，不怕會走數。」

周太望了望我的名片，說：「你明天這個時間再來吧。」

為了在下次見面即可簽單，我再問：「妳有多少個小朋友？多少歲數？妳先告訴我，我明天準備計劃書，妳便可看到實際回報，更容易了解。」

第二天我再到粉麵檔找周太。我們坐在其中一張桌子，周太耐心地聽我介紹計劃書內容，期間沒甚麼異議，最後還說：「我在銀行也聽過職員介紹這些計劃，心想遲早都要買。」

我說：「銀行裏沒有一個專屬職員會跟進妳的保單，如果要處理賠償便會很麻煩。」我指着手中如水壺般大的「大哥大」流動電話說：「如果妳透過我買保險，24 小時都可以找到我，我會馬上幫你們解決困難。」

最後周太答應替四個子女各買一份附加醫療的儲蓄計劃。我隨即再說：「周太，小朋友的保障當然重要，但大人也會有意外或生病，你們有事，小朋友的生活也不好過，會否也考慮替自己及丈夫多買一份保險？」周太隨即豪氣地大聲向檔口呼喊：「阿周，拿你的身份證過來！」

一次過簽了六張單，是相當好的成績。但我想到還有 21 張單要追，姑且再開口一試：「周太，我看到這裏有幾位夥計，應該幫妳手很多年了，妳一定是個很好的老闆，他們才會跟妳這麼久，但他們也會有一天退休。很多公司在員工退休後都會有退休金，他們跟妳這麼久，沒功也有勞，妳會否考慮為他們做一些退休保障，讓他們退休後都可安享晚年？」

周太這次沒有回應，我心想：「難道周太嫌買太多單了？」於是我退而求其次說：「這些是員工保障，由員工自己付錢是理所當然，不如請所有夥計都來聽聽，老闆娘妳買甚麼計劃，相信他們都有興趣知道。」於是老闆娘召喚在場四位員工過來，聽我再介紹一次計劃。當我介紹完後，周太向四位員工說：「我資助你們各買一份吧。我先付錢，餘下的保費在你們的人工裏慢慢扣除吧。」員工們都向周太道謝。

就這樣，周太一次過買了 10 張保單，還選擇年繳保費，單是這 10 張單已接近 8 萬元，實在是豪氣過人。我第二天再把收據送給周太，順便查詢附近的街坊有沒有需要買保險。周太在這區廣結良朋，隨即介紹了數名街坊給我，結果由周太引伸出來的保單總數達到 24 張，而我該月的總簽單數竟多達 36 張，連我自己也嚇了一跳。反觀對手當月只簽了七、八張單，結果我們的團隊完勝！

◆ 2017 年與周太的大兒子 Wave 一起獲頒 GAMA 最高管理成就獎 MAA。

之後，我繼續和周太維持關係，她的大兒子在 1997 年大學畢業後也加入了我的團隊，今天已成為一位獨當一面的資深區域總監，而他就是本書的主編 Wave 了。

我當初只在一個細小的粉麵檔做 Cold Call，竟可獲得如此驕人的成績，箇中秘訣就是心態：相信自己做得到，膽敢踏出第一步，成功後再發掘其他客源。心誠則靈，千萬別覺得自己會為對方帶來麻煩，因為你只是抱着助人的心態開口，提醒他們身邊仍有人需要買保險。只要你出於善意，對方會感受到並接收到，而很多客人更樂意轉介客戶給你。

COLD CALL 貼士

1. 觀察 Cold Call 目標的各項細節。例如在周太的個案中，我知道她有做標會，又有小朋友，便可從這些貼身話題作切入點。

2. 禮多人不怪，說話中多稱讚對方。例如，看到小朋友勤力讀書，便可說：「孩子很生性，妳是一個好媽媽」或是「員工留在這家公司，你必定是一個好老闆」等。只要客戶開心，便會願意聽你講解保險概念。

3. 當成功 Cold Call 第一張單後，可再嘗試從他的親人、子女、朋友、公司員工等入手，看能否請他們轉介客戶，令一張單變成幾張單。

寄語

最大的市場

看完以上13位作者所分享的5大類 Cold Call 攻略，相信你一定獲益良多，也肯定有一種 Cold Call 適合你。

三大失敗原因

坦白説，雖然 Cold Call 方法很多，但堅持及成功的人卻很少。第一是心態問題。很多同業不是因為很喜歡做 Cold Call 才去做，而是做完或不想做 Warm Call（緣故市場），又拿不到轉介（Referral）才被逼做 Cold Call。抱着這種心態又怎會做得好呢？我見過很多有這種心態的人最終 Cold Call 做不成，跟着便是辭職。

第二是誤把 Cold Call 當培訓。很多主管叫同事做 Cold Call 是想消耗他們的空餘時間，並藉此磨煉他們的膽量及銷售技巧。沒錯！做 Cold Call 的確可達成這些效果，但卻絕不是目的本身。Cold Call 的目的就只有一個 ——「做生意」。連主管也本末倒置，試問同事們又怎會清楚呢？結果同事做完一天 Cold Call 後，感覺內心滿有得着，修為大有提升，但口袋裏卻始終空空如也。其實本書內不乏 Cold Call 簽大單的例子，更不乏因 Cold Call 成功招募總監的個案，可見 Cold Call 的回報非常可觀。又怎能把賺錢機會當培訓？

第三是生活工作化。不少客戶也會向從事理財顧問的朋友投保。有些理財顧問平時和朋友吃喝玩樂，玩得很瘋狂，可是一談到保險，卻忽然變得十分正經，客戶感覺像面對一位陌生人。明明向相熟朋友推銷是一種 Warm Call，但你的銷售態度卻很 Cold。試想想若你這麼見外，你的朋友又何必找你？真正的銷售高手會把工作生活化，視見客為最大娛樂。就像作者們將 Cold Call 做到很 Warm，但銷售新手卻反過來把 Warm Call 做到很 Cold。

天下人皆朋友

其實今天我們身邊的伴侶、知己和朋友也不是我們自出娘胎便認識。一開始全部也是陌生人，因為緣份令我們從相識、相交、相知到相愛。彼此的關係之所以能夠昇華，全因其中一方先作出主動。

還記得多年前的一次船趴，我邀請了很多朋友和客戶參加，部分人也帶朋友一起出席。期間有人問我：「Wave，船上的人你也認識嗎？」

我說：「認識大部分。」

「那有多少人是客戶？有多少人是朋友？」

「我沒有統計，也很難統計。有些人是朋友變客戶，另外有些是客戶變朋友。那你是我的客戶還是朋友？」

「我當然是你的朋友。」

聽他這麼説，我當時真的有點受寵若驚。因為這個人是朋友介紹給我而成為我的客戶，對話的那一刻還不算很熟稔，但他卻自我歸類為我的朋友。由此可見，一段關係的認知沒有絕對性，從此我把大部分地球人當作是我的朋友，這些朋友只有客戶和準客戶之分，只有已相認和未相認之別。當然未相認的準客戶壓倒性地多，有幾十億人。

我相信聰明的你讀到這裏已知道本文的標題「最大的市場」，所指的不是香港本地市場、內地抵港客戶市場或某個單一市場，而是 Cold Call 市場。這個市場窮一生之力也做不完。

我就是市場

我的團隊有一位內地背景主攻內地抵港客戶市場的同事 Jade Yu。封關前她在香港本地的客戶數目近乎零，封關後她選擇留在香港學習開發本地市場。當然過程不容易，但她也熬過去了，2021 年更以接近 COT 的業績完成，真為她驕傲！她獲獎時分享道：「以前那裏有市場，我就在那裏；現在我覺得我在那裏，那裏就有市場。」

她這句話正好道出書中「生活攻略篇」的精髓，也道出保險行業的特性。保險是一個創造性的行業，是一個從無到有的行業，是一個多勞多得的行業。一切要調整的，不是外面的環境，而是我們自己！這幾年是好是壞，全憑我們自己決定！

成功的路不擠擁，因為太多人中途放棄了。黎明前特別黑暗，願我們所分享的方法和經歷能在漆黑中為你帶來光明。

◆ Jade 獲獎時分享：「我在那裏，那裏就有市場。」

最後感謝你看完《Cold Call》，希望你喜歡《Cold Call》，祝你對保險從零度到零難度！

周榮佳 Wave Chow
Mr. 100% MDRT
主編